Axel Wirth | Cornelius Pfisterer | Andreas Schmidt

Privates Baurecht praxisnah

Basiswissen mit Fallbeispielen

PRAXIS

VIEWEG+
TEUBNER

Bibliografische Information der Deutschen Nationalbibliothek
Die Deutsche Nationalbibliothek verzeichnet diese Publikation in der Deutschen Nationalbibliografie; detaillierte bibliografische Daten sind im Internet über <http://dnb.d-nb.de> abrufbar.

1. Auflage 2011

Lektorat: Karina Danulat

Vieweg+Teubner Verlag ist eine Marke von Springer Fachmedien.
Springer Fachmedien ist Teil der Fachverlagsgruppe Springer Science+Business Media.
www.viewegteubner.de

Umschlaggestaltung: KünkelLopka Medienentwicklung, Heidelberg
Satz/Layout: Annette Prenzer
Druck und buchbinderische Verarbeitung: STRAUSS GMBH, Mörlenbach
Gedruckt auf säurefreiem und chlorfrei gebleichtem Papier
Printed in Germany

ISBN 978-3-8348-1439-5

Vorwort

In einer idealen Welt könnten Bauherr, Planer und Werkunternehmer möglicherweise ohne nähere Kenntnisse im privaten Baurecht auskommen. In dieser Welt hätte sich der Bauherr bereits lange vor Baubeginn abschließende Vorstellungen über alle Einzelheiten des zu errichtenden Gebäudes gemacht und dabei stets der Qualität den Vorzug eingeräumt. Es lägen bereits vollständige Ausführungsplanungen vor. Ein gut auskömmlicher Werklohn wäre vereinbart, nachvollziehbare Ratenzahlungsbeträge lägen fest. Der Baugrund entspräche den Annahmen der Vertragspartner. Hausschwamm, Setzungsrisse an Nachbargebäuden, Starkregenereignisse, Minusgrade, Materialfehler, Lieferengpässe, Fertigstellungsfristen, Anforderungen der Baubehörde und Ähnliches gäbe es nicht. Die Arbeiten würden fehlerfrei ausgeführt. Über die Kosten eines erst später hinzugekommenen Bauteils bestünde sofort Einigkeit. Sollte es trotz allem zu Mängeln gekommen sein, würden diese ohne Diskussion, unverzüglich und nachhaltig beseitigt.

Wer diese Welt – jedenfalls im Bereich des Bauens – als nicht ideal empfindet, dem sei die Lektüre dieses Buchs empfohlen. Es vermittelt das notwendige Grundwissen, um neben Qualität, Kosten und Terminen auch den rechtlichen Herausforderungen eines Bauvorhabens gerecht zu werden.

Darmstadt, Juni 2011 | Die Autoren

Inhaltsverzeichnis

1 Einführung in das private Baurecht 1

1.1 Privates Baurecht 2

1.1.1 BGB-Werkvertragsrecht 2

1.1.2 Die Regelungen der VOB 2

1.1.3 HOAI 3

1.2 Öffentliches Baurecht 3

1.2.1 Bauplanungsrecht 4

1.2.2 Bauordnungsrecht 4

1.3 Die Grundregeln des Werkvertragsrechts 5

1.3.1 Erfolgshaftung 5

1.3.2 Vorleistungspflicht 5

1.3.3 Abnahme 6

1.3.4 Vorzeitige Beendigung 6

1.3.5 Mängelansprüche 6

1.4 Der Bauvertrag 7

1.4.1 Beteiligte des Bauvorhabens 7

1.4.2 Abschluss des Bauvertrages 10

2 Der Inhalt des Bauvertrags 11

2.1 Die wesentlichen Regelungen 12

2.1.1 Bauwerksleistungen 12

2.1.2 Vergütung 12

2.1.3 Leistungszeit 13

2.1.4 Abrechnung und Zahlung 13

2.1.5 Kündigung 13

2.1.6 Abnahme 14

2.1.7 Mängel 14

2.1.8 Sicherheiten 14

2.1.9 Sonstige Regelungen 15

2.2 Die wesentlichen Unterschiede 15

2.3 Die VOB/B als AGB 16

2.3.1 Allgemeine Geschäftsbedingungen 16

2.3.2 Die VOB/B im Licht der AGB-Rechtsprechung ... 16
2.3.3 Problematische VOB/B-Klauseln ... 17
2.4 Die Leistung des Auftragnehmers ... 19
2.4.1 Erfolgshaftung ... 19
2.4.2 Die Bestimmung des Leistungsumfangs ... 20
2.4.3 Die Art der Leistungsbeschreibung ... 21
2.4.4 Widersprüche innerhalb der Leistungsbeschreibung ... 23
2.4.5 Mehrdeutige Leistungsbeschreibung ... 24
2.5 Nachträgliche Leistungsänderungen ... 25
2.5.1 Mengenänderungen ohne Einwirkung des Auftraggebers ... 25
2.5.2 Leistungsänderungen durch Einwirkung des Auftraggebers ... 29
2.5.3 Ohne Auftrag ausgeführte Leistungen ... 32
2.6 Übungsfall zu Kapitel 2 ... 33

3 Die Abnahme der Werkleistung ... 37
3.1 Begriff und Bedeutung der Abnahme ... 38
3.1.1 Definition der Abnahme ... 38
3.1.2 Rechtsnatur der Abnahme ... 39
3.1.3 Hauptpflicht ... 39
3.1.4 Rechtsgeschäftliche Abnahmeformen ... 40
3.1.5 Die fiktive Abnahme ... 42
3.1.6 „Technische Abnahme“ ... 44
3.1.7 Behördliche Abnahmen ... 44
3.2 Rechtsfolgen der Abnahme ... 46
3.2.1 Erfüllung ... 46
3.2.2 Fälligkeit der Vergütung ... 46
3.2.3 Verzinsung des Werklohns ... 48
3.2.4 Gefahrübergang ... 49
3.2.5 Ende der Schutzpflicht aus § 4 Abs. 5 VOB/B ... 52
3.2.6 Beginn der Verjährungsfrist für Mängelansprüche ... 52
3.2.7 Beweislastumkehr bezüglich Mängel ... 53
3.2.8 Rechtsverluste bei fehlendem Vorbehalt ... 54
3.3 Anspruch auf Abnahme ... 57
3.3.1 Vollendung des Werkes ... 57
3.3.2 Mangelfreiheit des Werkes ... 57
3.3.3 Der Zeitpunkt der Abnahme ... 59

3.3.4 Rechtsfolgen der Abnahmeverweigerung 60
3.4 Abnahme nach Kündigung 61
3.5 Teilabnahme 61
3.5.1 Voraussetzungen 61
3.5.2 Wirkungen 62
3.6 Die Abnahme von Sonder- und Gemeinschaftseigentum 62
3.7 AGB zur Abnahme 63
3.7.1 Allgemeine Geschäftsbedingungen 63
3.7.2 Die VOB/B als AGB 63
3.7.3 Die Abnahmebestimmungen der VOB/B 64
3.7.4 Weitere Klauseln zur Abnahme 64
3.8 Übungsfall zu Kapitel 3 65

4 Abrechnung und Zahlung 69
4.1 Grundlagen 70
4.1.1 Vermutung einer üblichen Vergütung 70
4.1.2 Vorleistungspflicht 71
4.2 Abschlagszahlungen 72
4.2.1 Abschlagszahlungen im BGB-Vertrag 72
4.2.2 Abschlagszahlungen im VOB/B-Vertrag 74
4.2.3 Frist zur Geltendmachung von Abschlagszahlungen 75
4.2.4 Vorauszahlungen 75
4.3 Die Schlussrechnung 75
4.3.1 BGB-Vertrag 75
4.3.2 VOB/B-Vertrag 76
4.4 Die Schlusszahlung 79
4.4.1 Fälligkeit 79
4.4.2 Verzinsung 79
4.4.3 Weitere Rechte des Auftragnehmers bei Zahlungsverzug 80
4.4.4 Die Schlusszahlungseinrede in § 16 Abs. 3 Nr. 2–6 VOB/B 80
4.5 Verjährung 81
4.5.1 Grundlagen 81
4.5.2 BGB-Vertrag 81
4.5.3 VOB/B-Vertrag 81
4.5.4 Hemmung 82
4.6 Übungsfall zu Kapitel 4 83

5 Der Baumangel 87
5.1 Der Mangelbegriff im Werkvertrag 88
5.1.1 Leistungspflicht des Auftragnehmers 88
5.1.2 Sachmangelbegriff 89
5.1.3 Der Rechtsmangel 93
5.1.4 Abgrenzung Mangel/Verschleiß 93
5.1.5 Der Mangelbegriff des § 13 VOB/B 94
5.2 Mängelrechte nach BGB-Werkvertragsrecht 96
5.2.1 Übersicht 96
5.2.2 Zeitpunkt 96
5.2.3 Stufenverhältnis und Fristsetzung 97
5.2.4 Der Nacherfüllungsanspruch, §§ 634 Nr. 1, 635 BGB 97
5.2.5 Selbstvornahme und Aufwendungsersatz 102
5.2.6 Rücktritt 104
5.2.7 Minderung 105
5.2.8 Schadensersatz 107
5.2.9 Das Leistungsverweigerungsrecht des Auftraggebers bei Mängeln 113
5.3 Mängelrechte nach VOB/B 115
5.3.1 Rechte des Auftraggebers vor der Abnahme 115
5.3.2 Rechte des Auftraggebers nach der Abnahme 118
5.3.3 Ausschluss der Mängelhaftung nach § 13 Abs. 3 VOB/B 123
5.4 Exkurs: Haftung des Baustoffhändlers für Aus- und Einbaukosten? 125
5.5 Verjährung der Mängelrechte 126
5.5.1 Verjährung nach BGB Werkvertragsrecht 126
5.5.2 Verjährung der Mängelansprüche nach VOB/B 128
5.5.3 Vereinbarungen über die Verjährung 131
5.5.4 Hemmung der Verjährung 131
5.6 Mitverantwortlichkeit der Baubeteiligten 133
5.6.1 Mitverschulden des Auftraggebers 133
5.6.2 Verantwortlichkeit des Auftraggebers nach § 645 BGB 134
5.6.3 Gesamtschuldverhältnisse 134

6 Vorzeitige Vertragsbeendigung 137
6.1 Überblick 138
6.2 Grundlagen 139
6.2.1 Kooperationspflicht 139

6.2.2 Freie Kündigung 139
6.2.3 Die Kündigung aus wichtigem Grund 139
6.2.4 Die Kündigungsmöglichkeiten des Auftraggebers nach der VOB/B 140
6.2.5 Kündigungsmöglichkeiten für den Auftragnehmer 141
6.3 Die Durchführung der Kündigung 142
6.3.1 Kündigung nach § 8 Abs. 3 VOB/B: 142
6.3.2 Kündigung des Auftragnehmers nach § 9 VOB/B 143
6.4 Die Abrechnung des gekündigten Vertrages 143
6.4.1 Zweiteilung 143
6.4.2 Die Abrechnung bei freier Kündigung 144
6.4.3 Die Abrechnung bei der Kündigung aus wichtigem Grund 145
6.4.4 Die Abrechnung bei speziellen Kündigungstatbeständen 145
6.5 Übungsfall zu Kapitel 6 146

7 Die Bauzeit 149
7.1 Grundlagen 150
7.1.1 BGB-Vertrag 150
7.1.2 Die Regelung in der VOB/B 151
7.2 Behinderung und Unterbrechung der Ausführung 153
7.2.1 Wann liegt eine Behinderung vor? 153
7.2.2 Behinderungsanzeige 154
7.2.3 Rechtsfolgen einer Behinderung 154
7.2.4 Rechtsfolgen einer Unterbrechung der Ausführung: 157
7.3 Die Vertragsstrafe 158
7.3.1 Grundlagen 158
7.3.2 Voraussetzung 159
7.3.3 Inhalt 159
7.3.4 Vertragsstrafe in AGB 160
7.4 Übungsfälle zu Kapitel 7 161

8 Sicherheiten 165
8.1 Grundlagen 166
8.2 Sicherung des Vergütungsanspruchs 166
8.2.1 Abschlagszahlungen 166
8.2.2 Vorauszahlungen 167
8.2.3 Pfandrecht 167

8.2.4 Sicherungshypothek des Bauunternehmers 167
8.2.5 Bauhandwerkersicherung 168
8.3 Sicherung der Mängelansprüche 170
8.4 Vertragserfüllung 170
8.5 Sicherheitsleistung im VOB/B-Vertrag 171
8.5.1 Grundlagen 171
8.5.2 Art der Sicherheit 171
8.5.3 Zeitpunkt 172
8.5.4 Rückgabe 172
8.6 Besonderheiten der Bürgschaft als Sicherheit 172
8.6.1 Art der Bürgschaft 172
8.6.2 Verjährung 173
8.7 Übungsfall zu Kapitel 8, § 648 BGB 173

Sachwortverzeichnis 175

1 Einführung in das private Baurecht

EINGANGSFRAGEN

Was versteht man unter dem deutschen Baurecht?

Wie ist die Unterscheidung zwischen dem Privaten und dem Öffentlichen Baurecht zu sehen?

Wie ist das Öffentliche Baurecht einzuteilen?

Welche Rollen spielen das BGB-Werkvertragsrecht und die Regelungen der VOB (Teile A, B u. C) im Privaten Baurecht?

Wer sind die wichtigsten Beteiligten an einem Bauvorhaben?

Wie wird ein Bauvertrag abgeschlossen?

In dieser Einführung wird gezeigt, was im deutschem Recht unter dem Begriff „Baurecht" zu verstehen ist. Hierbei ist zu unterscheiden zwischen dem Privaten und dem Öffentlichen Baurecht. Beim Öffentlichen Baurecht ist wichtig die Unterscheidung zwischen Raumordnung, Bauplanungsrecht und Bauordnungsrecht. Weiter von Bedeutung sind die Begriffe „der Bauleitplanung, des Flächennutzungsplanes, des Bebauungsplanes, der Baugenehmigung und schließlich der Fachplanung". Im Privaten Baurecht wird auf das BGB-Werkvertragsrecht eingegangen und auf die Regelungen der VOB, Teile A, B und C.

Im Rahmen des Werkvertragsrechtes werden u. a. folgende Begriffe behandelt: Erfolgshaftung, Vorleistungspflicht, Mängelansprüche, vorzeitige Beendigung von Vertragsverhältnissen, Abnahme. Angesprochen werden auch die verschiedenen Beteiligten eines Bauvorhabens (u. a. Auftraggeber, Auftragnehmer, Generalunternehmen, Generalübernehmer, Subunternehmer, Projektsteuerer, Baustofflieferant und Bauträger). Schließlich wird auf die Grundzüge des Abschlusses eines Bauvertrages eingegangen.

1.1 Privates Baurecht

Das private Baurecht regelt die Rechtsverhältnisse der an einem Bauprojekt beteiligten Personen.

1.1.1 BGB-Werkvertragsrecht

Der Kern der Regelungen des privaten Baurechts befindet sich im Bürgerlichen Gesetzbuch, dem BGB. Dort ist in den §§ 631 ff. BGB das Werkvertragsrecht geregelt. Das BGB regelt verschiedene Vertragstypen, beispielsweise den Kaufvertrag, den Mietvertrag, den Dienstvertrag und eben den Werkvertrag. Regelmäßig werden Arbeitsverträge dem Vertragstyp „Dienstvertrag" zugeordnet, während der (Bau-) Vertrag über die Errichtung eines Bauwerks dem Vertragstyp „Werkvertrag" entspricht. Da unter den Vertragstyp „Werkvertrag" auch andere Vertragsverhältnisse fallen, wie zum Beispiel ein Vertrag über die Beförderung eines Briefes, eine Taxifahrt, eine Autowäsche oder eine Bestattung, sind die Vorschriften teilweise sehr abstrakt und für die Bedürfnisse eines Bauvertrags unzureichend.

1.1.2 Die Regelungen der VOB

In der Praxis sind deshalb die Regelungen der VOB von größter Bedeutung. Die Vergabe- und Vertragsordnung für Bauleistungen (VOB) wird durch den Deutschen Vergabe- und Vertragsausschuss für Bauleistungen (DVA) erarbeitet. Der DVA ist ein von den Interessengruppen der öffentlichen Auftraggeber und der Auftragnehmer paritätisch besetztes Gremium. Die VOB besteht aus drei Teilen: VOB/A, VOB/B und VOB/C.

1.1.2.1 VOB/A

Die VOB/A regelt, wie die Vergabe von Aufträgen durch öffentliche Auftraggeber abzulaufen hat. Für den privaten Auftraggeber hat die VOB/A praktisch keine Bedeutung.

1.1.2.2 VOB/B

Relevanter ist die VOB/B. Bei ihr handelt es sich um vertragliche Regelungen, die zum Bestandteil eines Bauvertrags gemacht werden können. Die VOB/B stellt kein Gesetz dar, sondern gilt zwischen Auftragnehmer und Auftraggeber nur, wenn diese es ausdrücklich so vereinbaren. Der besondere praktische Nutzen der VOB/B liegt gegenüber den gesetzlichen Regelungen des BGB darin, dass die VOB/B auf die spezifischen Anforderungen eines Bauvorhabens zugeschnitten ist. So finden sich dort zum Beispiel Regelungen zur Ausführung, zu Ausführungsfristen, zur Schlussrechnung etc. Da es sich bei der VOB/B um Allgemeine Geschäftsbedingungen (AGB) handelt, die einer gesonderten gesetzlichen Überprüfung auf Wirksamkeit unterliegen, gestaltet sich die Anwendung der VOB/B in jüngster Zeit zunehmend schwieriger (s. unten).

1.1.2.3 VOB/C

Gegenstand der VOB/C sind die Allgemeinen Technischen Vertragsbedingungen für Bauleistungen (ATV). Die VOB/C regelt, welche ATVs derzeit in welcher Fassung gelten. Für die Betreuung und die Schaffung neuer ATV ist ebenfalls der DVA zuständig. Die ATVs werden teilweise auch als DIN-Normen herausgegeben. Die VOB/C wird Vertragsbestandteil, wenn die VOB/B vereinbart wird (über § 1 (1) VOB/B).

1.1.3 HOAI

Die Honorarordnung für Architekten und Ingenieure regelt im Verhältnis Architekt - Bauherr, welche Preise für Architektenleistungen zu bezahlen sind. Dabei wird ein Rahmen vorgegeben, der nicht unter-, aber auch nicht überschritten werden darf. Die HOAI ist als Rechtsverordnung zwingend und kann durch vertragliche Vereinbarung nicht umgangen werden. Die HOAI regelt nicht, welche Leistungen ein Architekt im Rahmen eines Architektenvertrages zu erbringen hat. Dies müssen die Parteien gesondert vereinbaren. Nicht alle Architektenleistungen unterfallen der HOAI. Seit der Änderung der HOAI zum 18. August 2009 ist der Anwendungsbereich kleiner geworden, sodass die Parteien mehr Freiheiten, aber auch mehr Unsicherheiten bei der Honorarvereinbarung haben.

1.2 Öffentliches Baurecht

Während das private Baurecht die zivilrechtlichen Rechtsbeziehungen der an einem Bauvertrag beteiligten Personen regelt, betrifft das öffentliche Baurecht die Zulässigkeit des Bauvorhabens an sich und damit das Verhältnis des Bauherrn zum Staat. Ein Bauvorhaben bedarf in vielen Fällen einer Baugenehmigung (in welchen ist gesetzlich festgelegt), die durch die jeweilige Genehmigungsbehörde erteilt wird. Dabei prüft die Behörde, ob das Vorhaben die maßgeblichen öffentlich-rechtlichen Vorschriften einhält. Insbesondere geht es dabei um die bauplanungsrechtliche und die bauordnungsrechtliche Zulässigkeit des Vorhabens.

1

1.2.1 Bauplanungsrecht

1.2.1.1 Raumordnung

Ausgangspunkt ist die Raumordnung. Nach § 1 des Raumordnungsgesetzes (ROG) in der Fassung vom 30. Juni 2009 sind der Gesamtraum der Bundesrepublik Deutschland und seine Teilräume durch zusammenfassende, überörtliche und fachübergreifende Raumordnungspläne, durch raumordnerische Zusammenarbeit und durch Abstimmung raumbedeutsamer Planungen und Maßnahmen zu entwickeln, zu ordnen und zu sichern.

1.2.1.2 Bauleitplanung

Auf der Ebene der Städte und Gemeinden greift sodann die Bauleitplanung, mit der die städtebauliche Entwicklung gesteuert wird. Die Bauleitplanung ist im BauGB geregelt. Zunächst wird eine Flächenplanung aufgestellt, aus der Bebauungspläne entwickelt werden. Im Bebauungsplan kann sodann geregelt werden, welche Voraussetzungen erfüllt sein müssen, damit für ein konkretes Bauvorhaben eine Genehmigung erteilt wird.

1.2.1.3 Fachplanung

Für bestimmte Bauvorhaben, wie zum Beispiel Verkehrswege, Flughäfen, Abbau von Bodenschätzen und technische Ver- und Entsorgungsanlagen, gibt es spezielle planungsrechtliche Vorschriften (z. B. BundesfernstraßenG), die die öffentlich-rechtliche Zulässigkeit solcher Vorhaben regeln. Die Planung dieser Vorhaben wird als Fachplanung bezeichnet. Zu unterscheiden ist dies vom Begriff der Fachplanung bei einem einzelnen Bauvorhaben, der zur Unterscheidung der „klassischen“ Architektenleistung von der planerischen Leistung des Statikers oder des Gebäudetechnikers („Fachplaner“) dient.

Raumordnung ⇒ Bauleitplanung ⇒ Bebauungsplan ⇒ Baugenehmigung

1.2.2 Bauordnungsrecht

Das Bauordnungsrecht regelt technische Anforderungen an Bauvorhaben und dient der Abwehr von Gefahren, die von der Errichtung und dem Betrieb von Bauwerken ausgehen. So sind zum Beispiel die Regelungen zum Brandschutz ein wichtiger Teil des Bauordnungsrechts. Jedes Bundesland hat eigene Landesbauordnungen erlassen, da für das Bauordnungsrecht die Länder und nicht der Bund zuständig sind. Es handelt sich um Gesetze. Die Bauordnung regelt darüber hinaus das Verfahren zur Erlangung einer Baugenehmigung und gewährleistet so die Einhaltung der bauplanungsrechtlichen Vorschriften.

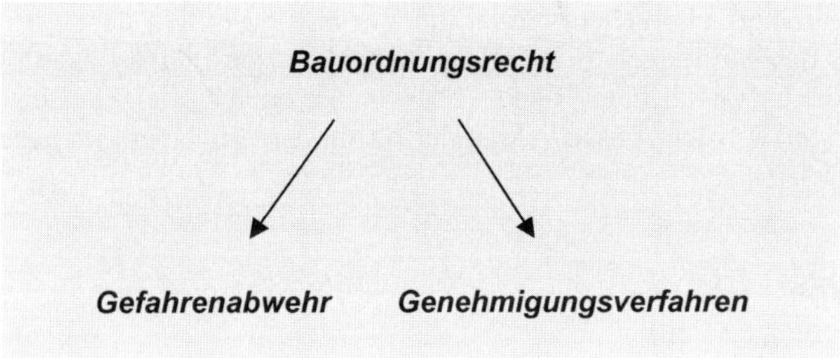

1.3 Die Grundregeln des Werkvertragsrechts

Die für alle Werkverträge geltenden Regelungen des BGB weisen eine Reihe von Grundprinzipien auf, die auch den Bauvertrag prägen.

1.3.1 Erfolgshaftung

§ 631 Abs. 1, 1. Hs. BGB

„... zur Herstellung des versprochenen Werkes verpflichtet"

Der Auftragnehmer schuldet einen Erfolg. Wenn der Auftragnehmer beauftragt wird, eine Mauer zu errichten, reicht es nicht aus, Ziegelsteine aufeinander zu setzen und mit Mörtel zu verbinden. Am Ende muss eine den anerkannten Regeln der Technik entsprechende Mauer stehen, sonst hat der Auftragnehmer die von ihm geschuldeten Leistungspflichten nicht erfüllt. Dagegen erfüllt der beim Auftragnehmer angestellte Maurergeselle seinen Arbeitsvertrag schon durch das bloße Aufeinandersetzen der Steine, weil es sich bei dem Arbeitsverhältnis um einen Dienstvertrag handelt. Wenn die Mauer nicht fertig wird, erhält der Auftragnehmer keine Vergütung, muss aber seinem Gesellen den Lohn bezahlen.

1.3.2 Vorleistungspflicht

§ 641 Abs. 1 Satz 1 BGB

„Die Vergütung ist bei der Abnahme des Werks zu entrichten."

Erst wenn der Auftragnehmer das Werk abnahmebereit fertig gestellt hat, muss der Auftraggeber die Vergütung bezahlen. Auch die Taxifahrt ist bei Ankunft am Zielort zu bezahlen. Dies ist für den Auftraggeber günstig. Diese Vorleistungspflicht kann der Auftragnehmer am Bau aber oft schon wirtschaftlich nicht erfüllen, da er über einen langen Zeitraum einen hohen Personal- und Materialeinsatz hat. Der Gesetzgeber hat versucht, dem mit der Einführung von Abschlagszahlungen in § 632a BGB Rechnung zu tragen. Die VOB/B sieht Abschlagszahlungen in § 16 Abs. 1 VOB/B vor. Da die eingebauten Baustoffe meist in das Eigentum des

Grundstückseigentümers übergehen, bürdet die Vorleistungspflicht dem Auftragnehmer auch das Ausfallrisiko des Auftraggebers auf. Beim Abschluss von Bauverträgen ist deshalb darauf zu achten, dass die entsprechenden Risiken über Sicherheiten – wie zum Beispiel durch Bürgschaften – verringert werden. Zusätzlich ist der für die Unternehmerseite geschaffene § 648 a BGB zu beachten.

1.3.3 Abnahme

Mit der Abnahme bestätigt der Auftraggeber, dass das Werk im Wesentlichen vertragsgemäß ist. Erst wenn das Werk abgenommen ist, wird die Vergütung fällig. Die Abnahme stellt deshalb ein zentrales Element des Bauvertrages dar. Mit der Abnahme beginnt auch die Verjährungsfrist für Mängelansprüche (früher „Gewährleistung").

1.3.4 Vorzeitige Beendigung

Der Auftraggeber kann den Bauvertrag jederzeit kündigen, ohne dass er hierfür einen besonderen Grund benötigt. Allerdings muss er in einem solchen Fall die vereinbarte Vergütung bezahlen, unter Abzug ersparter Aufwendungen und eines anderweitigen Erwerbs des Auftragnehmers.

Dagegen steht dem Auftragnehmer dieses Recht nicht zu. Er kann nur bei Vorliegen bestimmter Sondervoraussetzungen kündigen.

1.3.5 Mängelansprüche

Auch nach Abnahme haftet der Auftragnehmer für das von ihm hergestellte Werk. Bei Bauwerken beträgt die Dauer der Verjährungsfrist von Mängelansprüchen – die Gewährleistungsfrist – beim BGB-Vertrag fünf Jahre, bei Vereinbarung der VOB/B immerhin noch vier Jahre. Treten in dieser Zeit Mängel des Werks auf, muss sie der Auftragnehmer auf Verlangen des Auftraggebers auf eigene Kosten beseitigen. Kommt er einer entsprechenden Aufforderung binnen einer durch den Auftraggeber zu setzenden Frist nicht nach, entstehen für den Auftraggeber weitergehende Mängelrechte wie zum Beispiel das Recht zur Ersatzvornahme, Minderungs- oder Schadensersatzansprüche.

1.4 Der Bauvertrag

1.4.1 Beteiligte des Bauvorhabens

Häufig ist eine Vielzahl von Parteien an der Verwirklichung des Bauvorhabens beteiligt. Daher ist die Erfassung der Vertragsbeziehungen im Einzelnen unabdingbar.

1.4.1.1 Auftraggeber und Auftragnehmer

Die zentralen Akteure sind Auftraggeber (AG) und Auftragnehmer (AN). Hierbei handelt es sich um die traditionellen Begriffe der VOB/B. Das BGB-Werkvertragsrecht spricht indessen vom Besteller und Unternehmer.

Vom Auftraggeber bzw. Besteller zu unterscheiden ist der Begriff des „Bauherrn“. Dieser Begriff entstammt dem öffentlichen Baurecht. Der Bauherr ist verantwortlich für die Erfüllung der öffentlich-rechtlichen Verpflichtungen, vgl. z. B. § 48 der Hessischen Bauordnung (HBO):

§ 48 HBO – Bauherrschaft

(1) Der Bauherrschaft obliegen gegenüber der Bauaufsichtsbehörde die nach den öffentlich-rechtlichen Vorschriften erforderlichen Anträge, Anzeigen und Nachweise; sie muss außerdem die Pflichten nach diesem Gesetz erfüllen, soweit sie nicht anderen auferlegt sind. (...)

1.4.1.2 Generalunternehmer (GU) und Generalübernehmer (GÜ)

Der GU ist ein Bauunternehmer, der nach dem Bauvertrag die Verpflichtung zur Errichtung des gesamten Bauvorhabens übernommen hat, also sämtliche Bauleistungen, wobei er einen Teil selbst erbringt. Der GÜ übernimmt gegenüber dem Auftraggeber ebenfalls die umfassende Verpflichtung zur Errichtung des Bauvorhabens; in Abgrenzung zum GU erbringt der GÜ jedoch keine eigene Bauleistung.

Als Sonderformen gibt es den Totalunternehmer bzw. den Totalübernehmer, der neben den Bauleistungen auch die Planungsleistungen erbringt.

1

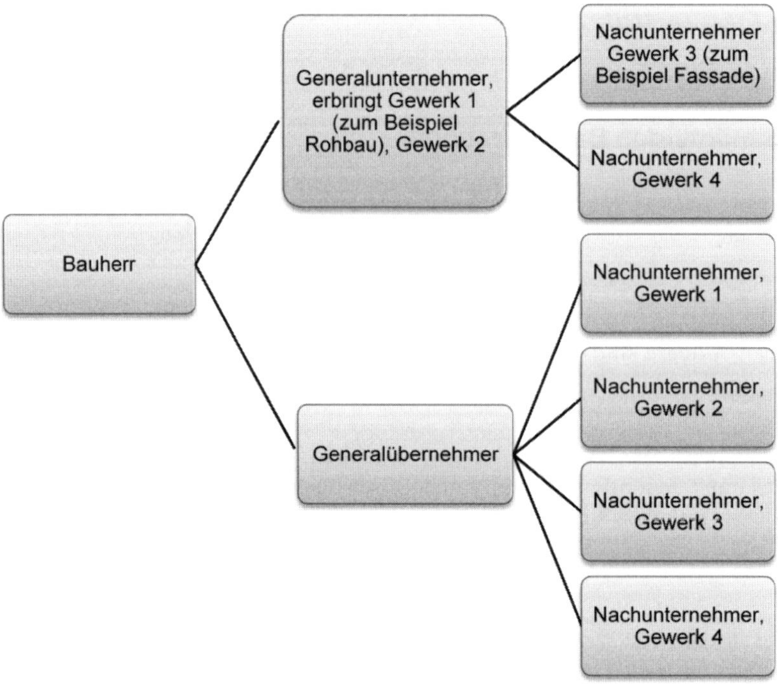

Bild 1.1 Darstellung der Unternehmensformen

1.4.1.3 Sub- ober Nachunternehmer (NU)

GU bzw. GÜ schließen zur Erfüllung ihrer Leistungsverpflichtung Bauverträge mit verschiedenen NU ab, die bestimmte Leistungen (Gewerke) zur Errichtung des Bauvorhabens erbringen.

1.4.1.4 Arbeitsgemeinschaft – ARGE

Häufig schließen sich mehrere Auftragnehmer zur Bewältigung umfangreicherer Projekte in Form einer ARGE zusammen. Die Mitglieder der ARGE bilden eine Gesellschaft bürgerlichen Rechts und haften dem Auftraggeber nach außen hin gemeinsam. Im Innenverhältnis wird regelmäßig ein ARGE-Partner die kaufmännische, ein anderer Partner die technische Geschäftsführung übernehmen.

1.4.1.5 Architekt

Der Architekt erbringt – je nach Auftragsumfang – die erforderlichen Planungsleistungen sowie die Objektüberwachung (Überwachung der Bauausführung).

Als Generalplaner übernimmt ein Architekt– wie ein Generalunternehmer– alle Planungsleistungen, die er ganz oder teilweise durch Subplaner ausführen lässt.

1.4.1.6 Sonderfachleute

Als Sonderfachleute bezeichnet man Architekten oder Ingenieure, die aufgrund besonderen Fachwissens spezielle Bereiche planen/überwachen (Statik, Haustechnik, Gebäudephysik, Schallschutz, Bodengutachten, etc.)

1.4.1.7 Projektsteuerer

Der Projektsteuerer übernimmt für den AG die Kontrolle und Optimierung (Steuerung) von Terminen, Qualität und Kosten sowie die Koordinierung der Baubeteiligten. Die Abgrenzung der Aufgabenbereiche zwischen Architekt und Projektsteuerer kann im Einzelfall schwierig sein und sollte deshalb vertraglich geregelt werden.

1.4.1.8 Baustofflieferant

Der Baustofflieferant beliefert den Bauherrn oder den Auftragnehmer mit Baustoffen. Bei dem Vertrag über die Lieferung von Baustoffen handelt es sich um einen Kaufvertrag.

Meist wird der Auftragnehmer Vertragspartner des Baustofflieferanten, da im Angebot des Auftragnehmers das Material enthalten ist. Es kann aber auch sein, dass Baustoffe bauseits – also durch den Bauherrn – bereitzustellen sind oder vom Bauherrn selbst eingebaut werden. Dann ist der Auftraggeber Vertragspartner des Baustofflieferanten.

Für die Mangelfreiheit des Werks hat der Auftragnehmer auch ohne ein Verschulden einzustehen. Führt ein Mangel eines vom Auftragnehmer beschafften Baustoffs zu einem Mangel am Bauwerk, stellt sich das Problem, dass die kaufvertraglichen Mängelansprüche des Auftragnehmers gegen den Lieferanten von den werkvertraglichen Mängelansprüchen des Auftraggebers gegen den Auftragnehmer abweichen können. Für Schadensersatzansprüche ist zu beachten, dass der Baustofflieferant nicht Erfüllungsgehilfe des Auftragnehmers ist und ihm ein etwaiges Verschulden deshalb nicht zugerechnet wird.

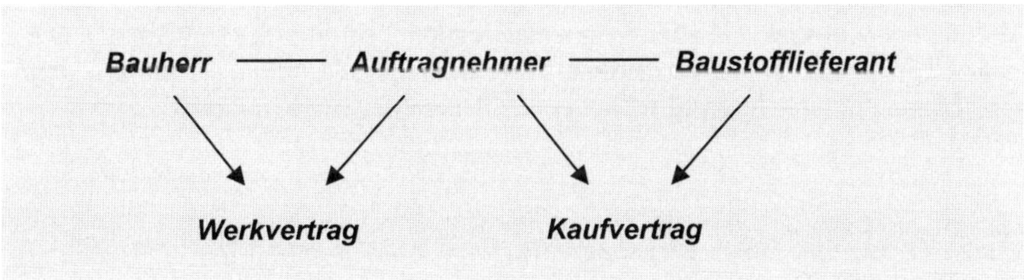

1.4.1.8 Bauträger

Der Bauträger verschafft seinen Kunden Eigentum an einem Baugrundstück und übernimmt die Verpflichtung zur Planung und Errichtung des Bauwerks. Ein Bauträgervertrag muss notariell beurkundet werden. Dabei sind die Regelungen der Makler- und Bauträgerverordnung (MaBV) zu beachten.

1

1.4.2 Abschluss des Bauvertrages

1.4.2.1 Grundsatz und Grenzen der Vertragsfreiheit

Auftraggeber und Auftragnehmer können den Inhalt eines Bauvertrags grundsätzlich frei vereinbaren. Der Bauvertrag kennt – mit Ausnahme des Bauträgervertrags – keine Formerfordernisse, auch wenn in der Praxis die allermeisten Bauverträge schriftlich abgeschlossen werden. Auch ein mündlicher Vertrag ist deshalb wirksam. Allerdings wird es dann Streit über den Inhalt des Vertrages geben. Ein Bauvertrag kann nach der jüngeren Rechtsprechung des BGH sittenwidrig sein, wenn der Auftragnehmer spekulativ stark überhöhte Einheitspreise in Ansatz bringt (IBR 2009, 127).

1.4.2.2 Vertragsschluss

Ein Vertrag kommt durch zwei übereinstimmende Willenserklärungen – Angebot und Annahme – zustande. Dies kann nicht nur dadurch geschehen, dass beide Parteien auf demselben Vertrag oder demselben Verhandlungsprotokoll unterschreiben. Häufig wird der Auftragnehmer ein Angebot schicken, das der Auftraggeber dann mit einem gesonderten Schreiben annimmt. Dabei ist zu beachten, dass schon geringe Abweichungen rechtlich ein neues Angebot darstellen, das die andere Partei sodann wieder annehmen muss, damit ein Vertrag zustande kommt (oftmals konkludent seitens des AN, indem er mit den Arbeiten beginnt).

1.4.2.2 Vertretung

Oftmals werden Willenserklärungen von Vertretern abgegeben. Eine Gesellschaft – wie zum Beispiel eine GmbH - wird gesetzlich durch den Geschäftsführer vertreten. Eine ARGE wird meistens eines ihrer Mitglieder vertraglich bevollmächtigen, für sie zu handeln. Ein Architekt hat dagegen grundsätzlich keine Vollmacht des Bauherrn für den Abschluss eines Bauvertrags. Bei öffentlichen Auftraggebern ist darauf zu achten, dass spezifische Vertretungsregeln beachtet werden. So kann nach manchen Gemeindeordnungen ein Bürgermeister einer Gemeinde einen Vertrag nur wirksam schließen, wenn ein weiterer Vertreter der Gemeinde unterzeichnet. Um später Überraschungen zu vermeiden, sollte man sich deshalb stets die konkrete Vertretungsberechtigung der den Vertrag schließenden Person nachweisen lassen.

2 Der Inhalt des Bauvertrags

EINGANGSFRAGEN

Was muss in einem Bauvertrag geregelt sein?

Welches sind die Hauptleistungspflichten der Auftraggeber- und Auftragnehmerseite?

Wie unterscheiden sich „BGB-Bauwerkverträge“ von sog. VOB-Bauverträgen?

Welche Bedeutung hat die Tatsache, dass die VOB/B eine Allgemeine Geschäftsbedingung darstellt?

Wie können die Leistungspflichten der Auftragnehmerseite im Einzelnen vertraglich fixiert werden?

Was geschieht bei mehrdeutigen oder widersprüchlichen Leistungsbeschreibungen?

Welche Rechtsfragen ergeben sich bei nachträglichen Leistungsänderungen?

Welche Vergütungsfragen ergeben sich bei „ohne Auftrag“ ausgeführten Leistungen?

Welche Kernregelungen muss ein Bauvertrag enthalten? Behandelt werden u. a. die Bauwerks-Leistungspflicht der Auftragnehmerseite, die Vergütungspflicht der Auftraggeberseite, Fragen zur Leistungszeit, zur Abrechnung und zur Zahlung. Ein Bauvertrag kann vorzeitig durch Kündigung beendet werden. Regelmäßig ist eine Abnahme erforderlich. Inwieweit sind Sicherheiten zu stellen? Mit diesen Fragen beschäftigen sich sowohl das BGB-Werkvertragsrecht (allerdings nur rudimentär) als auch die VOB Teil B. Die unterschiedlichen Einzelregelungen beider Bereiche werden herausgearbeitet. Die VOB/B stellt eine Allgemeine Geschäftsbedingung dar. Welche Problemfragen ergeben sich hieraus für die Bauvertragsgestaltung?

Nach diesen Grundelementen wird detailliert auf die Leistungspflicht der Auftragnehmerseite eingegangen. Dabei stehen die Bestimmung des Leistungsumfanges, die Art der Leistungsbeschreibung, Widersprüche innerhalb der Leistungsbeschreibung und deren Mehrdeutigkeit im Fokus. Allzu häufig ergeben sich nach Abschluss eines Bauvertrages nachträgliche Leistungsänderungen. Wie sind diese zu handhaben? Was geschieht, wenn Leistungen ohne Auftrag ausgeführt werden?

2.1 Die wesentlichen Regelungen

2.1.1 Bauwerksleistungen

Kernstück des Vertrages sind die Bauleistungen der Auftragnehmerseite. Im Leistungsverzeichnis wird die Leistung entweder erschöpfend durch Aufzählung aller Einzelleistungen oder funktional beschrieben.

Die technischen Anforderungen werden durch Verweise auf die VOB/C und/oder DIN-Normen bestimmt. Die DIN 18299 regelt zum Beispiel eine Reihe von allgemeinen Anforderungen an die Durchführung eines Bauvorhabens – von der Ausschreibung bis zur Ausführung.

Da sich aus den verschiedenen in Bezug genommenen Normen Widersprüche ergeben können, sollte unbedingt das Rangverhältnis geklärt sein. Welche Regelung geht vor?

2.1.2 Vergütung

Bei der Vergütung herrscht zwar Vertragsfreiheit. In der Praxis kommen aber regelmäßig folgende Typenverträge vor:

- Einheitspreisvertrag
  Für jede Einzelleistung wird ein bestimmter Preis vereinbart. Die Abrechnung erfolgt anhand der tatsächlich ausgeführten Leistungen. Es wird ein Aufmaß der verbauten Mengen und Massen erstellt.
- Pauschalpreisvertrag
  Für die zu erbringende Bauleistung wird ein Pauschalbetrag als Vergütung vereinbart. Dabei gibt es unterschiedliche Gestaltungsmöglichkeiten:

Wenn die Parteien den genauen Leistungsumfang nicht definieren, sondern nur das Leistungsziel beschreiben (und das Erreichen dieses Ziels geschuldet ist und nicht bestimmte Einzelleistungen), spricht man vom Globalpauschalpreisvertrag (OLG Celle/BGH IBR 2007, 10).

Beim Detailpauschalvertrag wird für ein detailliertes Leistungsverzeichnis eine pauschale Vergütung vereinbart.

Eine Anpassung der Vergütung richtet sich nach § 2 Abs. 7 VOB/B. Davon abzugrenzen ist der Fall, dass der Auftragnehmer pauschal auf alle Einzelleistungen einen bestimmten Nachlass gewährt.

- Stundenlohnvertrag
  Die Abrechnung erfolgt nach Stundenaufwand.

Häufig finden sich auch Mischformen oder die Kombination der Modelle.

Es ist sinnvoll, bereits im Vorfeld zu regeln, wie sich zusätzliche und geänderte Leistungen auf die Vergütung auswirken sollen.

2.1.3 Leistungszeit

- Wann soll der Auftragnehmer beginnen? Wann darf er beginnen?
- Bis wann sollen die Arbeiten fertig sein?
- Sind Zwischenfristen einzuhalten?

Zeit ist Geld. Die Gerichte haben inzwischen häufig über Ansprüche der Auftragnehmerseite aus Bauverzögerung infolge einer Baubehinderung zu entscheiden. Dies ist aber nur dann möglich, wenn von Anfang an die Leistungszeit klar bestimmt war. Für den Auftraggeber hängt am Fertigstellungstermin häufig die wirtschaftliche Verwertung des Objekts (zum Beispiel durch Vermietung), weshalb er diesen durch eine Vertragsstrafe sichern wird.

Die Bedeutung einer Regelung zur Leistungszeit darf deshalb nicht unterschätzt werden.

2.1.4 Abrechnung und Zahlung

Für den Auftragnehmer empfiehlt es sich, konkrete Abschlagszahlungen zu vereinbaren, da die gesetzlichen Regelungen nicht ausreichend sind. Ferner ist zu klären, ob und wann Skonto gewährt wird, wie der Zahlungsverkehr ablaufen soll, und ob zum Beispiel eine Freistellungsbescheinigung des Finanzamts benötigt wird.

Es kann die Form der Abschlags- und der Schlussrechnung bestimmt und vereinbart werden, wie viel Zeit der Auftraggeber bzw. dessen Architekt für die Prüfung der Rechnungen haben soll.

2.1.5 Kündigung

Hier sind die gesetzlichen Regelungen an sich ausreichend. Insbesondere gibt es in § 649 BGB nun eine Vermutung für die Höhe der ersparten Aufwendungen des Auftragnehmers, was die Abrechnung des frei gekündigten Vertrages vereinfacht. Sinnvoll ist die Verpflichtung zu einem gemeinsamen Aufmaß auch für diese Fälle, damit der Leistungsstand im Zeitpunkt der Kündigung einvernehmlich festgestellt werden kann. Dies ist meist für beide Parteien von Vorteil, unabhängig davon, wer aus welchem Grund die Kündigung ausgesprochen hat.

Für den Fall der vorzeitigen Vertragsbeendigung gemeinsames Aufmaß vereinbaren!

2.1.6 Abnahme

Es gibt unterschiedliche Formen der Abnahme. So kann ein Bauwerk ausdrücklich, konkludent, förmlich oder fiktiv abgenommen werden. Das Interesse an einer vertraglichen Ergänzung von § 640 BGB ist beim Auftragnehmer meist größer als beim Auftraggeber. Wegen der einschneidenden Rechtsfolgen empfiehlt es sich aber für beide Parteien, hier eine klare Regelung zu treffen.

2.1.7 Mängel

Die Mängelansprüche sind im Gesetz so detailliert geregelt, dass meist nur darauf verwiesen wird. Ein Eingriff in die gesetzlichen Regelungen birgt auch immer die Gefahr, eine den Vertragspartner unangemessen benachteiligende und deshalb unwirksame Bestimmung zu vereinbaren. Wichtig ist aber die Vereinbarung einer Sicherheit für Mängelansprüche, da diese im Gesetz selbst nicht vorgesehen ist.

2.1.8 Sicherheiten

Ein Schwerpunkt der Vertragsgestaltung im Baurecht liegt darin, die wechselseitigen Risiken der Parteien durch Sicherheiten zu verringern. An vorderster Stelle steht dabei die Absicherung gegen Zahlungsausfälle.

a) Zur Absicherung der Mängelansprüche wird entweder ein Einbehalt von der Schlussrechnung oder die Stellung einer Bürgschaft vereinbart. Richtwert ist 5 % der Nettoauftragssumme.

b) Wird eine Vorauszahlung des Auftraggebers vereinbart, sollte diese unbedingt mit einer Vorauszahlungsbürgschaft in entsprechender Höhe abgesichert werden.

c) Sonstige Ansprüche, die während des Bauvorhabens entstehen, werden häufig mit einer Vertragserfüllungsbürgschaft abgesichert. Richtwert: 10 % der Nettoauftragssumme.

d) Von zentraler Bedeutung sind auch Versicherungen. So muss insbesondere der Architekt über eine ausreichende Haftpflichtversicherung verfügen. Der Unternehmer sollte eine Betriebshaftpflicht abschließen, die Schäden aus dem Baubetrieb abdeckt. Hinzu kommt die Bauleistungsversicherung, die entweder vom Auftraggeber oder vom Unternehmer abgeschlossen wird. Weniger verbreitet sind bisher Baugewährleistungs- oder Baufertigstellungsversicherungen.

2.1.9 Sonstige Regelungen

Wichtig ist eine klare Regelung, wer für welche Partei in welchem Umfang rechtlich verbindliche Erklärungen abgeben darf. Ein bauleitender Architekt ist nicht ohne Weiteres befugt, den Bauherrn rechtsgeschäftlich zu vertreten.

Üblich sind Vereinbarungen zur Schriftform, mit denen mündliche Vertragsänderungen ausgeschlossen werden sollen.

Häufig werden auch Abtretungs- und Aufrechnungsverbote vereinbart.

Sinnvoll können (baubegleitende) Schlichtungs- und Schiedsgerichtsvereinbarungen sein, wenn die Parteien einen langwierigen Rechtsstreit vor den ordentlichen Gerichten vermeiden wollen.

2.2 Die wesentlichen Unterschiede zwischen BGB- und VOB/B-Bauvertrag

Ziel der VOB/B ist es, beiden Bauvertragsparteien gleichermaßen Regelungen an die Hand zu geben, die die Schwächen des allgemeinen BGB-Werkvertragsrechts bei Bauvorhaben ausgleichen.

Tabelle 2.1 Sonderregelungen der VOB/B

VOB/B	BGB
Sonderregelungen der VOB/B zugunsten des Auftragnehmers (Auswahl)	
§ 3 Abs. 1 Unentgeltliche u. rechtzeitige Übergabe von Ausführungsunterlagen	nur Obliegenheit des AG
§ 5 Abs. 4 VOB/B Rechtsfolgen bei Leistungsverzug: Kündigung, kein Rücktritt	§§ 634 Nr. 3 Rücktrittsrecht
§ 7 VOB/B Gefahrverlagerung für zufälligen Untergang und Verschlechterung der Leistung schon vor Abnahme auf den AG mit dem Risiko der Vergütungszahlung	§ 644 der Auftragnehmer trägt die Gefahr bis zur Abnahme des Werkes, auch für den zufälligen Untergang und Verschlechterung der Leistung)
§ 13 Abs. 4 4-jährige Gewährleistungsfrist für Bauwerksarbeiten	§ 634a Abs. 1 Nr. 2 Verjährungsfrist für Bauwerksmängel beträgt 5 Jahre
§ 16 Abs. 1 genereller Anspruch des AN auf Abschlagszahlungen	§ 632a Abschlagszahlungen nur unter engeren Voraussetzungen
Sonderregelungen der VOB/B zugunsten des Auftraggebers (Auswahl)	
§ 1 Abs. 3 und 4 Befugnis zur Anordnung von Leistungsänderungen und erforderlichen Zusatzleistungen	keine Regelung

2

VOB/B	BGB
Sonderregelungen der VOB/B zugunsten des Auftraggebers (Auswahl)	
§ 4 Abs. 7 Mängelrechte vor Abnahme	vor Abnahme hat der Auftraggeber keine Mängelrechte (dies ist allerdings zunehmend streitig)
§ 13 Abs. 5 Nr. 1 Satz 2 Neubeginn einer 2-jährigen Verjährungsfrist allein durch schriftliche Aufforderung zur Mängelbeseitigung	Verjährung muss durch Klage oder ein anderes gerichtliches Verfahren gehemmt werden
§ 14 Abs. 1 Verpflichtung des AN zur prüfbaren Abrechnung als Fälligkeitsvoraussetzung für die Rechnung	Fälligkeit tritt gemäß § 641 Abs. 1 BGB bereits mit der Abnahme ein
§ 16 Abs. 3 Nr. 1 Durch Prüffrist hinausgeschobene Fälligkeit des Vergütungsanspruchs bis zu 2 Monaten nach Übergabe der Schlussrechnung (AG muss fehlende Prüffähigkeit innerhalb von 2 Monaten rügen)	Fälligkeit tritt gemäß § 641 Abs. 1 BGB bereits mit der Abnahme ein
§ 16 Abs. 3 Nr. 2 Ausschlusswirkung bei Schlusszahlung	keine Regelung
§ 18 Abs. 1 Gerichtsstandsvereinbarung zugunsten des AG	keine Regelung

2.3 Die VOB/B als AGB

2.3.1 Allgemeine Geschäftsbedingungen

Wie in vielen anderen Lebensbereichen kommt den Allgemeinen Geschäftsbedingungen auch im Bauvertrag eine große Bedeutung zu. Allgemeine Geschäftsbedingungen (abgekürzt AGB) sind alle für eine Vielzahl von Verträgen vorformulierten Vertragsbedingungen, die eine Vertragspartei (der Verwender) der anderen Vertragspartei bei Abschluss eines Vertrages stellt (§ 305 BGB). Verwender im Bauvertrag wird bei größeren Projekten meist der Auftraggeber sein. In Verträgen mit Verbrauchern kann dies auch umgekehrt sein.

AGB unterliegen einer besonderen Inhaltskontrolle nach den §§ 307 ff. BGB. Die Regelungen werden daraufhin überprüft, ob sie vom gesetzlichen Leitbild abweichen und den anderen Vertragspartner unangemessen benachteiligen.

2.3.2 Die VOB/B im Licht der AGB-Rechtsprechung

Bei den VOB/B handelt es sich um vorformulierte Vertragsbedingungen.

a) Privilegierung
Die frühere Rechtsprechung ging davon aus, dass die VOB/B einen auf die Besonderheiten des Bauvertragsrechts abgestimmten, im Ganzen einigermaßen ausgewogenen Ausgleich

der beiderseitigen Interessen enthält. Bei Vereinbarung der VOB/B als Ganzes waren die Bestimmungen der VOB/B keiner Inhaltskontrolle nach den §§ 305 ff. BGB zu unterziehen (sog. Privilegierung).

b) Entfall der Privilegierung bei Abweichung von der VOB/B
Es gibt praktisch keinen Bauvertrag, der nicht zusätzliche, und damit von der Gewichtung der VOB/B abweichende Regelungen enthält. Jede vertragliche Abweichung von der VOB/B führt jedoch dazu, dass diese nicht als Ganzes vereinbart ist und damit ihre Privilegierung entfällt. Sämtliche Einzelregelungen der VOB/B können dann daraufhin überprüft werden, ob sie einen der Vertragspartner unangemessen benachteiligen.

Der Verwender der AGB kann den Schutz allerdings nicht in Anspruch nehmen, da er die Klauseln ja selbst zum Vertragsinhalt gemacht hat.

c) Entfall der Privilegierung bei Abweichung bei Verbrauchern
Nach neuerer Rechtsprechung gilt diese Privilegierung schon nicht mehr, wenn die VOB/B gegenüber Verbrauchern verwendet wird. Dann unterliegen ihre einzelnen Klauseln auch dann einer Inhaltskontrolle, wenn sie als Ganzes vereinbart ist (BGH, Urteil vom 24.07.2008 - VII ZR 55/07). Dem hat der Gesetzgeber seit dem 1. Januar 2009 mit der Neufassung von § 310 Abs. 1 S. 3 BGB Rechnung getragen:

„ ... In den Fällen des Satzes 1 [Verwendung gegenüber einem Unternehmer, einer juristischen Person des öffentlichen Rechts oder einem öffentlich-rechtlichen Sondervermögen] findet § 307 Abs. 1 und 2 auf Verträge, in die die Vergabe- und Vertragsordnung für Bauleistungen Teil B (VOB/B) in der jeweils zum Zeitpunkt des Vertragsschlusses geltenden Fassung ohne inhaltliche Abweichungen insgesamt einbezogen ist, in Bezug auf eine Inhaltskontrolle einzelner Bestimmungen keine Anwendung.“

2.3.3 Problematische VOB/B-Klauseln

Je nach Verhandlungsgewicht können in der Praxis sowohl Auftraggeber als auch Auftragnehmer Verwender der VOB/B sein. Insbesondere wenn der Bauherr Verbraucher ist, wird oftmals der Auftragnehmer Verwender der VOB/B sein. Bei Verbrauchern sind die Anforderungen an eine unangemessene Benachteiligung und die daraus folgende Unwirksamkeit der Klausel geringer.

Die Rechtsprechung hatte inzwischen zahlreiche Vorschriften der VOB/B daraufhin zu überprüfen, ob sie einen der Vertragspartner unangemessen benachteiligen. Nachfolgend werden einige Beispiele mit Begründungsansatz und Fundstelle dargestellt:

Unwirksame Klauseln

§ 2 Abs. 8 Nr. 1 Satz 1	Vergütung für auftragslose Leistungen: Die bis 1996 geltende Fassung ohne den 3. Absatz hat der BGH für unwirksam erachtet (IBR 1991, 359).
§ 2 Abs. 10	Vergütung von Stundenlohnarbeiten nur dann, wenn sie als solche vor ihrem Beginn ausdrücklich vereinbart worden sind: Dies weiche von der grundsätzlichen Vergütungsregelung in § 632 BGB ab (OLG Schleswig, IBR 2005, 414).

2

§ 16 Abs. 3 Nr. 1	Fälligkeit der Schlusszahlung nach 2 Monaten: Die Fälligkeit des Werklohns werde gegenüber der gesetzlichen Regelung in § 641 Abs. 1 Satz 1 BGB zum Nachteil des Werkbestellers nach hinten verschoben (OLG Düsseldorf, IBR 2006, 192; OLG Celle IBR 2010, 590).
§ 16 Abs. 3 Nr. 2	Verlust nicht vorbehaltener Schlusszahlungsansprüche: Nach dem BGB sollen nur Verjährung und Verwirkung zum vollständigen Verlust von Ansprüchen führen (BGH IBR 2004, 179).
§ 16 Abs. 5 Nr. 3	Zinsanspruch erst nach Ablauf einer Nachfrist: Die Regelung schließt § 286 Abs. 3 BGB aus, wonach – zwischen Unternehmern - 30 Tage nach Zugang der Rechnung Verzug eintritt (BGH, IBR 2009, 566).

Unwirksame Klauseln bei Verwendung gegenüber Verbrauchern

§ 12 Abs. 5	Regelung der fiktiven Abnahme Eine „nachvollziehbare" Abnahme ist wesentlich für den Auftraggeber.
§ 13 Abs. 4	Verkürzung der Verjährung auf vier Jahre bzw. für wartungsbedürftige Anlagen unter Umständen sogar auf zwei Jahre Die Verjährungsfrist im BGB beträgt 5 Jahre.

Kritische Klauseln

Zu diesen Klauseln liegen teilweise noch keine Gerichtsentscheidungen vor, sie werden jedoch kritisch gesehen.

§ 1 Abs. 3	Änderungsrecht des AG: Es handelt sich um einen weitgehenden Eingriff in das Äquivalenzverhältnis des Vertrages. Der Schutz des AN über Nachträge bzw. § 2 Abs. 5 VOB/B ist nicht immer ausreichend.
§ 4 Abs. 7 Satz 3	Rechte bei Mängeln bzw. Verzögerungen vor Abnahme
§ 8 Abs. 2	Sonderkündigungsrecht des Auftraggebers bei Insolvenz: Problematisch nach Verfahrenseröffnung, da es dem Insolvenzverwalter die Rechte aus §§ 103, 119 InsO nimmt (wirksam nach OLG Düsseldorf IBR 2006, 674).
§ 10 Abs. 2	Alleinhaftung im Innenverhältnis bei Gesamtschuld im Außenverhältnis: Unter Kaufleuten wirksam, gegenüber Verbrauchern wohl nicht (BGH IBR 1999, 129).
§ 13 Abs. 5 Nr. 1 Satz 2	„Quasi-Unterbrechung" der Verjährung: Wirksam nach OLG Hamm IBR 2008, 732 und OLG Düsseldorf, Urt. v. 9. März 2010 - 21 U 46/09; zweifelnd OLG Koblenz IBR 2005, 317.

§ 15 Abs. 3 Satz 3	Anerkenntnisfiktion bei nicht fristgemäß zurückgegebenem Stundenlohnzettel

2.4 Die Leistung des Auftragnehmers

Den weitaus größten Raum im Bauvertrag nimmt die Beschreibung der Leistung des Auftragnehmers ein. Ein Leistungsverzeichnis umfasst leicht mehrere Hundert Seiten.

2.4.1 Erfolgshaftung

Zu betonen ist die Erfolgshaftung des Auftragnehmers:

§ 631 BGB. Vertragstypische Pflichten beim Werkvertrag

*(1) Durch den Werkvertrag wird der Unternehmer zur **Herstellung** des versprochenen Werkes, der Besteller zur Entrichtung der vereinbarten Vergütung verpflichtet.*

*(2) Gegenstand des Werkvertrags kann sowohl die Herstellung oder Veränderung einer Sache als auch ein anderer durch Arbeit oder Dienstleistung herbeizuführender **Erfolg** sein.*

„Herstellung des versprochenen Werkes" bedeutet, dass ein Erfolg, nicht nur ein Tätigwerden geschuldet ist (→ verschuldensunabhängige Erfolgshaftung).

Der Auftragnehmer muss alle Leistungen erbringen, die unter Berücksichtigung der Vorgaben des Auftraggebers für die Herstellung eines funktionstauglichen Werkes erforderlich sind.

Daraus ergeben sich zwei grundlegende Fragen:

1. Welche konkreten Leistungen sind für die Herbeiführung des Erfolges nötig?
2. Wer trägt das Risiko von Unwägbarkeiten?

(Unwägbarkeiten z. B. Baugrund, Witterung, technische/planerische Zusammenhänge, Leistungen anderer AN …)

Fallbeispiel

Das Putzsystem (nach BGH NJW-RR 1987, 336):

Im Bauvertrag wird ein bestimmtes Putzsystem vereinbart. Das im Vertrag beschriebene System ist für das zu bauende Haus ungeeignet, weil ein dauerhaft rissfreier Putz damit nicht zu erreichen ist.

Lösung:

Der Auftragnehmer schuldet einen dauerhaft rissfreien Putz. Dies bedeutet, dass der Inhalt der Leistungsbeschreibung (Art des Putzsystems) und der geschuldete Erfolg nicht identisch sein müssen.

Der Auftragnehmer schuldet auch nicht ausgeschriebene Leistungen, die zur Verwirklichung des Bauerfolges erforderlich sind. Für diese weiteren Leistungen steht ihm aber unter bestimmten Voraussetzungen eine zusätzliche Vergütung zu.

⟶ **ERFOLGSHAFTUNG**

2

Fallbeispiel

Die RWA-Klappen (nach OLG Braunschweig IBR 2008, 264):

AG und AN verhandeln über einen Bauvertrag zur Errichtung einer Fabrikhalle. Das Brandschutzkonzept der Halle sieht ein Lichtband mit RWA-Klappen vor.

AG will maximal 400.000 € bezahlen. Die Forderung des AN liegt darüber. Man einigt sich darauf, das Lichtband entfallen zu lassen, um auf den Preis von 400.000 € zu kommen. Die Halle wird ohne Lichtband erstellt.

Die Baubehörde rügt mangelnden Brandschutz und verweigert die Gebrauchsabnahme.

Lösung:

AN schuldet ein funktionstaugliches Werk. Die Halle muss daher den Brandschutzanforderungen entsprechen. Wenn hierfür RWA-Klappen erforderlich sind, muss der AN solche ausführen.

⟶ **ERFOLGSHAFTUNG**

2.4.2 Die Bestimmung des Leistungsumfangs

Der vertraglich geschuldete Erfolg („Bausoll“) ergibt sich aus der Vereinbarung der Parteien. Die VOB/B gibt dabei eine Hilfestellung.

§ 1 VOB/B. Art und Umfang der Leistung

1. Die auszuführende Leistung wird nach Art und Umfang durch den Vertrag bestimmt. Als Bestandteil des Vertrags gelten auch die Allgemeinen Technischen Vertragsbedingungen für Bauleistungen (VOB/C).

2. Bei Widersprüchen im Vertrag gelten nacheinander:

a) die Leistungsbeschreibung,

b) die Besonderen Vertragsbedingungen,

c) etwaige Zusätzliche Vertragsbedingungen,

d) etwaige Zusätzliche Technische Vertragsbedingungen,

e) die Allgemeinen Technischen Vertragsbedingungen für Bauleistungen,

f) die Allgemeinen Vertragsbedingungen für die Ausführung von Bauleistungen.

2.4.3 Die Art der Leistungsbeschreibung

Grundsätzlich lassen sich zwei Arten der Leistungsbeschreibung unterscheiden:

a) Leistungsbeschreibung mit Leistungsverzeichnis (LV):

Pos.	Vordersatz	Beschreibung	EP	Pos.-Preis
450	100 qm	Pflaster aus Betonpflastersteinen mit gefassten Kanten und Abstandsnocken, einschl. aller Passstücke	16,50 €	1.650,00 €
455	100 qm	wie vor, jedoch mit Granitvorsatz	28,90 €	nEP

b) Funktionale Leistungsbeschreibung

ZITATE AUS BAUVERTRÄGEN

„je nach Erfordernis"

„komplett"

„schlüsselfertig"

„wie in Dubai"

Beispiele

- Schlüsselfertige Errichtung eines Supermarktes mit einer Verkaufsfläche von 1.200 qm
- Gerüstbauarbeiten „nach Wahl des AN"
- „Endgültige Geometrie der Verschubbahnen und -einrichtungen nach statischen Erfordernissen"

„Flächenbewehrung ist nach Zwangsbeanspruchung zu bemessen; sie hat mindestens folgende Stärke aufzuweisen: ... Die für die Bemessung der Zwangsbeanspruchung erforderliche Statik hat der Bieter als Vertragsleistung zu erbringen" (Schleusenkammer-Urteil des BGH BauR 1997, 126).

2

Funktionale Ausschreibung:	Detaillierte Ausschreibung:
AG liefert: Nur funktionale Vorgaben. AN muss die Vorgaben des AG planerisch umsetzen und realisieren.	AG liefert: Planung und LV. AN versieht das LV mit Preisen → Angebot.
Geschuldeter Erfolg: Funktionstaugliches Werk im Sinne des Bauziels. (AN entscheidet, welche konkreten Leistungen ausgeführt werden müssen).	Geschuldeter Erfolg: Auch hier funktionstaugliches Werk.
Abgeltungsumfang der Vergütung: Alle Leistungen, die zur Verwirklichung des Bauziels erforderlich sind.	Abgeltungsumfang der Vergütung: Ausgeschriebene/verpreiste Leistungen.

Fallbeispiel

Das Bistro (nach BGH NZBau 2008, 437):

Im Rahmen eines Hallenneubaus übernimmt der AN „... Planung, Lieferung und Einbau einer mechanischen Lüftungsanlage je nach Erfordernis für Bistro und Bistroküche. ...“

Nach der Grundrissplanung war die Küche mit 16 qm vorgegeben, der Bistrobereich mit 30 qm. Eine Küchenplanung lag zunächst nicht vor.

Später änderte der AG den Grundriss so, dass Bistro und Küche eine Einheit bildeten (insgesamt 46 qm). Deshalb wird eine wesentlich größer dimensionierte Lüftungsanlage erforderlich.

– Muss der AN die größere Lüftungsanlage ausführen?

– Hat er ggf. Anspruch auf zusätzliche Vergütung?

Entscheidung des BGH:

AN schuldet ein funktionstaugliches Werk. Die Lüftungsanlage muss daher den Erfordernissen entsprechen. Wenn hierfür eine größere Lüftungsanlage erforderlich ist, muss der AN diese ausführen.

→ **ERFOLGSHAFTUNG**

Obwohl die Leistung funktional ausgeschrieben war und der Auftragnehmer deshalb grundsätzlich alle Leistungen zur Herbeiführung des gewünschten Erfolges zum ursprünglich vereinbarten Preis erbringen muss, hat er hier Anspruch auf zusätzliche Vergütung, da der Auftraggeber den Bauentwurf geändert hat, §§ 1 Nr. 3, 2 Nr. 5 VOB/B.

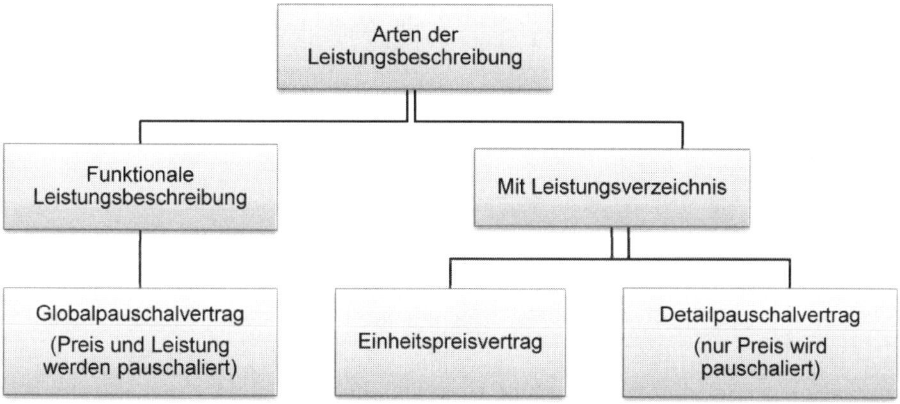

Bild 2-1 Leistungsbeschreibung

2.4.4 Widersprüche innerhalb der Leistungsbeschreibung

Ein Bauvorhaben ist komplex. Jedes Gewerk erfordert eine spezifische Ausführung. Das Bauvorhaben muss statischen und brandschutztechnischen Anforderungen entsprechen. Technische Normen ändern sich. Gleichzeitig soll kostengünstig gebaut werden. Diese Erfordernisse führen häufig zu Widersprüchen im Leistungsverzeichnis. Diese sind durch Auslegung (§§ 133, 157 BGB) aufzulösen, wobei folgende Kriterien berücksichtigt werden:

- Wortlaut (Verständnis nach Empfängerhorizont),
- Umstände des konkreten Vorhabens (z. B. technischer/qualitativer Zuschnitt, architektonischer Anspruch, Zweckbestimmung des Bauwerks – Stichwort Funktionalität),
- Verkehrssitte, Treu und Glauben,
- Anerkannte Regeln der Technik.

Grundsatz: Im Zweifel ist dasjenige gewollt, was detailliert beschrieben ist.

Fallbeispiel

Die Kellertreppe (nach BGH BauR 2003, 388):

Die Vertragsunterlagen für ein Bauvorhaben weisen in der Leistungsbeschreibung eine äußere Kellertreppe aus.

Aus den ebenfalls zu den Vertragsunterlagen gehörenden Plänen ist eine solche Treppe nicht ersichtlich.

Muss der AN eine äußere Kellertreppe ausführen?

BGH: ja. Dem Wortlaut einer Leistungsbeschreibung kommt gegenüber Plänen jedenfalls dann eine größere Bedeutung zu, wenn dort die Leistung im Einzelnen genauer beschrieben wird.

2.4.5 Mehrdeutige Leistungsbeschreibung

Auch wenn unklar bleibt, was genau vereinbart wurde, muss die Leistung durch Auslegung (§§ 133, 157 BGB) ermittelt werden. Dabei gelten folgende Kriterien:

Wie ist die Leistungsbeschreibung unter Berücksichtigung aller Umstände des Einzelfalls zu verstehen?

- Nicht unbedingt: ingenieurtechnische Richtigkeit und Vorzugswürdigkeit,
- Umstände des konkreten Vorhabens (z. B. technischer/qualitativer Zuschnitt, architektonischer Anspruch, Zweckbestimmung des Bauwerks),
- Verkehrssitte, Treu und Glauben,
- Anerkannte Regeln der Technik.

Fallbeispiel

Das Ärztehaus (nach BGH BauR 1995, 538):
GU hat ein Ärztehaus schlüsselfertig zu errichten.
Für die Innentüren beauftragt er einen NU und beschreibt dessen Leistung wie folgt:
- *„Türblätter wie Pos. 16, jedoch Ausführung für ein Schalldämmmaß von 42 dB für die Doppelfalzzargen.*
- *Zargen wie Pos. 1, jedoch mit Doppelfalz für die Türen mit 42 dB.“*

Die Türen erreichen im Labor ein Schalldämmmaß von 42 dB, nicht aber im Einbauzustand.
Sind die Türen vertragsgemäß?
Gutachten des vom Gericht beauftragten Sachverständigen:
Nach der einschlägigen DIN ist zu unterscheiden zwischen einem Laborschalldämmmaß und dem Bauschalldämmmaß.
Türen mit einem Laborschalldämmmaß können in eingebautem Zustand ein anderes, i. d. R. niedrigeres Schalldämmmaß haben.

In der Ausschreibung hätte deshalb deutlich gemacht werden müssen, ob das angegebene Dämmmaß für die Tür allein oder in eingebautem Zustand gelten solle. → Türen sind vertragsgemäß.

Dem folgt das OLG in der Berufungsinstanz. Wie entscheidet der BGH?

Entscheidung des BGH:

Dem Sachverständigen ist nicht zu folgen.

NU durfte nicht von einem Laborwert von 42 dB ausgehen. Das ingenieurtechnische Verständnis ist insoweit nicht maßgeblich.

Entscheidend kommt es auf die Funktion der Türen an: Ärztehaus/Praxisräume → erhöhte Anforderungen an einen effektiven Schallschutz vor Ort.

NU schuldete das Schalldämmmaß von 42 dB im Einbauzustand!

2.5 Nachträgliche Leistungsänderungen

Ein Bauvertrag „lebt“. Kein Bauvorhaben wird genau so ausgeführt, wie es die Parteien bei Vertragsunterzeichnung vorgesehen haben. Dies ergibt sich meist schon daraus, dass häufig zu diesem Zeitpunkt die Planungen noch nicht abgeschlossen sind. Neben Einflüssen von außen, wie zum Beispiel ein behördlich angeordneter Baustopp oder eine Schlechtwetterphase, kann vor allem der Auftraggeber den Vertrag beeinflussen – beispielsweise indem er anordnet, Leistungen anders auszuführen. Die Leistung kann sich aber auch ohne Einwirkung des Auftraggebers ändern, indem vor Ort mehr (oder weniger) Mengen ausgeführt werden.

2.5.1 Mengenänderungen ohne Einwirkung des Auftraggebers

Ausgangspunkt ist immer eine Abweichung der tatsächlichen Bauausführung (Bau-Ist) vom vertraglich geschuldeten Leistungssoll. Bevor eine höhere Vergütung gefordert werden kann, muss zunächst einmal die Änderung an sich feststehen. Regelmäßig werden die Allgemeinen Technischen Vertragsbedingungen für Bauleistungen (VOB/C) vereinbart. Nach der danach maßgeblichen DIN 18299 gilt Folgendes:

Abschnitt 5 – Abrechnung

Die Leistung ist aus Zeichnungen zu ermitteln, soweit die ausgeführte Leistung diesen Zeichnungen entspricht. Sind solche Zeichnungen nicht vorhanden, ist die Leistung aufzumessen.

Dann ist zu klären, welches Vergütungsmodell die Parteien gewählt haben.

→ EP-Vertrag: Der Einheitspreisvertrag sieht eine Vergütung für Teilleistungen vor, deren Menge nach Maß, Gewicht oder Stückzahl im Leistungsverzeichnis nicht abschließend genannt werden.

§ 2 Abs. 3 VOB/B – Vergütung

Nr. 1 Weicht die ausgeführte Menge der unter einem Einheitspreis erfassten Leistung oder Teilleistung um nicht mehr als 10 v. H. von dem im Vertrag vorgesehenen Umfang ab, so gilt der vertragliche Einheitspreis.

Nr. 2 Für die über 10 v. H. hinausgehende Überschreitung des Mengenansatzes ist auf Verlangen ein neuer Preis unter Berücksichtigung der Mehr- oder Minderkosten zu vereinbaren.

Nr. 3 Bei einer über 10 v. H. hinausgehenden Unterschreitung des Mengenansatzes ist auf Verlangen der Einheitspreis für die tatsächlich ausgeführte Menge der Leistung oder Teilleistung zu erhöhen, soweit der Auftragnehmer nicht durch Erhöhung der Mengen bei anderen Ordnungszahlen (Positionen) oder in anderer Weise einen Ausgleich erhält. Die Erhöhung des Einheitspreises soll im Wesentlichen den Mehrbetrag ausgleichen, der sich durch Verteilung der Baustelleinrichtungs- und Baustellengemeinkosten und der Allgemeinen Geschäftskosten auf die verringerte Menge ergibt. (...)

2

→ Pauschalvertrag. Der Detailpauschalvertrag pauschaliert die Vergütung auf Grundlage einer nach dem Willen der Parteien vollständigen Leistungsbeschreibung (→ Pauschalierungsnachlass). Der Auftragnehmer trägt das Risiko, dass mehr Mengen verbaut werden müssen, als ursprünglich angenommen. Der Globalpauschalvertrag regelt eine pauschale Vergütung auf Grundlage einer erkennbar unvollständigen Leistungsbeschreibung (zum Beispiel bei Schlüsselfertigbauverträgen). Der Preis und die Leistung werden fixiert.

§ 2 Abs. 7 VOB/B – Vergütung

(1) Ist als Vergütung der Leistung eine Pauschalsumme vereinbart, so bleibt die Vergütung unverändert. Weicht jedoch die ausgeführte Leistung von der vertraglich vorgesehenen Leistung so erheblich ab, dass ein Festhalten an der Pauschalsumme nicht zumutbar ist (§ 313 BGB), so ist auf Verlangen ein Ausgleich unter Berücksichtigung der Mehr- oder Minderkosten zu gewähren. (...)

§ 313 BGB – Störung der Geschäftsgrundlage

(1) Haben sich Umstände, die zur Grundlage des Vertrags geworden sind, nach Vertragsschluss schwerwiegend verändert und hätten die Parteien den Vertrag nicht oder mit anderem Inhalt geschlossen, wenn sie diese Veränderung vorausgesehen hätten, so kann Anpassung des Vertrags verlangt werden, soweit einem Teil unter Berücksichtigung aller Umstände des Einzelfalls, insbesondere der vertraglichen oder gesetzlichen Risikoverteilung, das Festhalten am unveränderten Vertrag nicht zugemutet werden kann.

(2) Einer Veränderung der Umstände steht es gleich, wenn wesentliche Vorstellungen, die zur Grundlage des Vertrags geworden sind, sich als falsch herausstellen.

Beispiel Ausschreibung laut LV:

Pos.	Vordersatz	Beschreibung	EP	Pos.-Preis
450	100 qm	Pflaster aus Betonpflastersteinen mit gefassten Kanten und Abstandsnocken, einschl. aller Passstücke	16,50 €	1.650,00 €

Aufmaßergebnis: 105 qm wurden ausgeführt.

Wie rechnet der AN ab?

Abrechnung im EP-Vertrag (bei Vereinbarung der VOB/B)

Da die Mehrmenge unter 10 % beträgt, ändert sich nach § 2 Abs. 3 Nr. 1 VOB/B der Einheitspreis nicht. Die Mehrmengen werden gleichwohl berücksichtigt, sodass unter Position 450 insgesamt EUR 1.732,50 abgerechnet werden (105 qm × EUR 16.50).

Abrechnung im Pauschalvertrag

Es verbleibt bei der ursprünglich vereinbarten Vergütung. Das Risiko der Mengenmehrung trägt der Auftragnehmer.

Abwandlung 1:

Aufmaßergebnis: 120 qm wurden ausgeführt.

Wie rechnet der AN ab?

Abrechnung im EP-Vertrag

Da die Mehrmenge über 10 % beträgt, ändert sich nach § 2 Abs. 3 Nr. 2 VOB/B der Einheitspreis, wenn eine der Parteien es verlangt. Es gibt keinen Automatismus und keine fest stehende Berechnungsmethode. Die bisherigen Preisermittlungsgrundlagen bleiben maßgebend. Allerdings wird sich häufig eine Verringerung ergeben, da die Baustellengemeinkosten bereits erwirtschaftet sind. Der geänderte Einheitspreis findet nur auf die Mengen Anwendung, die 110 % übersteigen.

Abrechnung im Pauschalvertrag

Es verbleibt bei der ursprünglich vereinbarten Vergütung. Das Risiko der Mengenmehrung trägt der Auftragnehmer. Eine erhebliche Abweichung dürfte hier noch nicht vorliegen.

Abwandlung 2:

Aufmaßergebnis: 80 qm wurden ausgeführt.

Wie rechnet der AN ab?

Abrechnung im EP-Vertrag

Da die Mindermenge über 10 % beträgt, ist nach § 2 Abs. 3 Nr. 3 VOB/B der Einheitspreis auf Verlangen des Auftragnehmers zu erhöhen, es sei denn, der AN erhält durch Erhöhung der Mengen bei anderen Positionen oder in anderer Weise – zum Beispiel durch Auftragserweiterungen oder Nachträge – einen anderweitigen Ausgleich. Der erhöhte Einheitspreis findet auf die gesamte ausgeführte Menge Anwendung. Bei der Berechnung werden die Baustelleneinrichtungs- und Baustellengemeinkosten für die nicht zur Ausführung gekommenen Mengen auf die ausgeführten Mengen verteilt:

Tabelle 2.2 Preisbildung mit BGK

	Einheitspreis	Stückkosten	BGK	Menge	Gesamtpreis
Auftrag über 100 m² Pflaster	16,50 €	14,00 €	2,50 €	100	
		1.400,00 €	250,00 €		**1.650,00 €**
Zur Ausführung kommen nur 80 m²		14,00 € (× 80 = 1120,00 €	2,50 € (× 80 = 200,00 €)	80	*dies entspräche 1.320,00 €*
Differenz zu den ursprünglich kalkulierten BGK			50,00 €		
Umrechnung der Differenz auf geringere Stückzahl			50,00 € / 80 = 0,625 €		
Rechnung mit neuem Einheitspreis aufgrund höherer BGK	17,125 €	14,00 €	3,125 € (2,50 € + 0,625 €)	80	**1.370,00 €**

Abrechnung im Pauschalvertrag

Es verbleibt bei der ursprünglich vereinbarten Vergütung. Das Risiko der Mengenmehrung trägt der Auftragnehmer. Eine erhebliche Abweichung i. S. d. § 2 (7) VOB/B liegt hier vor.

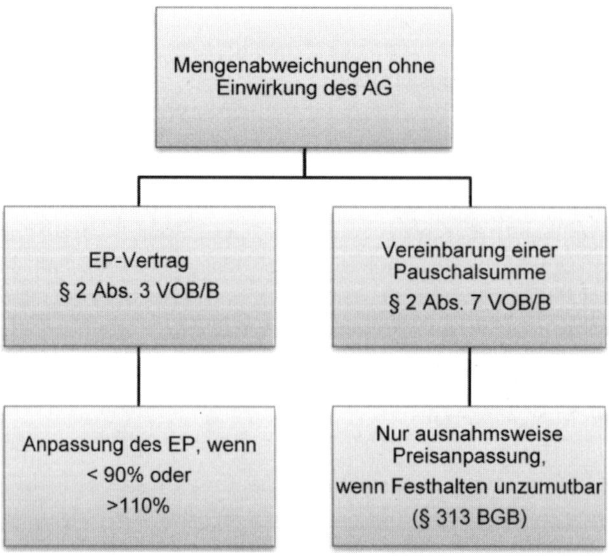

Bild 2-2 Mengenänderungen

2.5.2 Leistungsänderungen durch Einwirkung des Auftraggebers

2.5.2.1 Änderungsanordnung, § 1 Abs. 3 in Verbindung mit § 2 Abs. 5 VOB/B

Der Auftraggeber hat das Recht, nach Vertragsschluss einseitig den Bauentwurf und damit den Leistungsinhalt zu ändern.

§ 1 Abs. 3 VOB/B

Änderungen des Bauentwurfs anzuordnen, bleibt dem Auftraggeber vorbehalten.

Dieses sehr weitgehende Recht des Auftraggebers korrespondiert mit einem entsprechenden Vergütungsanspruch des Auftragnehmers:

§ 2 Abs. 5 VOB/B

Werden durch Änderung des Bauentwurfs oder andere Anordnungen des Auftraggebers die Grundlagen des Preises für eine im Vertrag vorgesehene Leistung geändert, so ist ein neuer Preis unter Berücksichtigung der Mehr- oder Minderkosten zu vereinbaren. Die Vereinbarung soll vor der Ausführung getroffen werden.

Fallbeispiel

Die Schleuse (nach BGH IBR 2009, 630):

Der Neubau einer Schleuse erfordert eine 20 m tiefe Baugrube mit Unterwasserbetonsohle. Der Ausschreibung liegen mehrere Baugrundgutachten bei. Bei der Ausführung stellt sich heraus, dass der Baugrund wesentlich dichter gelagert ist, als in den Baugrundgutachten beschrieben. Der Auftragnehmer kann die Sohle deshalb nur mit erheblichem Mehraufwand herstellen. Der Auftraggeber lehnt Mehrvergütungsansprüche ab. Zu Recht?

Der BGH verurteilt den Auftraggeber. Liegen der Ausschreibung Baugrundgutachten bei, dann werden diese zum Bestandteil des Vertrags. Dies gilt vor allem dann, wenn ohne die Gutachten die Leistung nicht kalkuliert werden kann. Wenn der Auftraggeber den Auftragnehmer auffordert, die Leistung trotz der veränderten Bodenumstände zu erbringen, so stellt dies eine Leistungsänderung im Sinne von § 1 Abs. 3 VOB/B dar. Der Auftragnehmer kann dann Mehrvergütung gemäß § 2 Abs. 5 VOB/B geltend machen.

2.5.2.2 Forderung einer zusätzlichen Leistung, §§ 1 Abs. 4, 2 Abs. 6 VOB/B

Der Auftraggeber darf vom Auftragnehmer auch verlangen, nicht vereinbarte Leistungen auszuführen. Auch dies führt zu Vergütungsansprüchen des Auftragnehmers. Für die Abrechnung nach § 2 Abs. 6 VOB/B muss es sich um selbstständige Leistungen handeln, die vom ursprünglichen Auftrag nicht umfasst waren. Reine Mengenmehrungen werden deshalb nicht erfasst.

2

§ 1 Abs. 4 VOB/B – Art und Umfang der Leistung

Nicht vereinbarte Leistungen, die zur Ausführung der vertraglichen Leistung erforderlich werden, hat der Auftragnehmer auf Verlangen des Auftraggebers mit auszuführen, außer wenn sein Betrieb auf derartige Leistungen nicht eingerichtet ist. Andere Leistungen können dem Auftragnehmer nur mit seiner Zustimmung übertragen werden.

§ 2 Abs. 6 VOB/B – Vergütung

(1) Wird eine im Vertrag nicht vorgesehene Leistung gefordert, so hat der Auftragnehmer Anspruch auf besondere Vergütung. Er muss jedoch den Anspruch dem Auftraggeber ankündigen, bevor er mit der Ausführung der Leistung beginnt. (...)

Die Abgrenzung zwischen § 2 Abs. 3, Abs. 4 S. 1 und Abs. 4 S. 2 VOB/B ist nicht immer einfach. Ob eine zusätzliche Leistung vorliegt, kann auch anhand der technischen Vertragsbedingungen zu entscheiden sein. Beispiele:

Vereinbart ist (gemäß detailliertem LV):	**Zusätzlich erforderlich werden:**
Herstellung eines Trapezblechdachs, Montage auf bauseitig gestellte Stahlträger mit Verbindungsmitteln aus nicht rostendem Material.	Korrosionsschutzmaßnahmen, da die Befestigung des Trapezblechdaches den Korrosionsschutz der bauseitig gestellten Stahlträger an den Durchbruchstellen zerstört (OLG München IBR 2004, 356).
Dachdeckerarbeiten; Gerüste sind im LV nicht erwähnt.	Errichtung, Vorhalten und Abbau von Gerüsten über 2 m (OLG Düsseldorf BauR 1997, 1051).

ATV DIN 18338 – Dachdeckungs- und Dachabdichtungsarbeiten

4.2 Besondere Leistungen sind ergänzend zur ATV DIN 18299, Abschnitt 4.2, z. B.:

...

4.2.3 Auf- und Abbauen sowie Vorhalten der Gerüste, deren Arbeitsbühnen mehr als 2 m über Gelände oder Fußboden liegen. (...)

2.5.2.3 Selbstvornahme von Teilleistungen, § 2 Abs. 4 VOB/B

Werden im Vertrag ausbedungene Leistungen des Auftragnehmers vom Auftraggeber selbst übernommen (z. B. Lieferung von Bau-, Bauhilfs- und Betriebsstoffen), so finden die Vorschriften zur teilweisen Kündigung von Leistungen aus § 8 Abs. 1 Nr. 2 VOB/B entsprechende Anwendung. Danach steht dem Auftragnehmer die vereinbarte Vergütung zu. Er muss sich jedoch anrechnen lassen, was er infolge der Aufhebung des Vertrags an Kosten erspart oder durch anderweitige Verwendung seiner Arbeitskraft und seines Betriebs erwirbt oder zu erwerben böswillig unterlässt (§ 649 BGB).

Fallbeispiel

Die Installationsarbeiten (nach BGH BauR 1999, 1021):
Auf Grundlage eines detaillierten LV wird ein Vertrag mit einer Pauschalvergütung i. H. v. EUR 1.500.000,00 mit Geltung der VOB/B vereinbart.
Einzelne Positionen mit einem Gesamtwert von EUR 80.000,00 kommen aufgrund einer Absprache zwischen den Parteien nicht zur Ausführung. Über eine Vergütungsanpassung wird nicht gesprochen.
Der AN rechnet den vollen Pauschalpreis i. H. v. EUR 1.500.000,00 ab. Der AG nimmt eine Kürzung von EUR 80.000,00 vor. Diesen Betrag klagt der AN ein.
Das OLG geht von einer Teilkündigung aus und spricht dem AN den vollen Betrag zu, da der AN keine Aufwendungen erspart hat. Wie entscheidet der BGH?

Der BGH verweist zurück. § 2 Abs. 4 VOB/B sei hier nicht anwendbar, da keine einseitige Leistungsreduzierung durch den Auftraggeber vorliege. Vereinbarung der Parteien bedürfe der Auslegung im Einzelfall.

§ 2 Nr. 4 VOB/B regelt nur die Rechtsfolgen einer Reduzierung des Vertragsinhaltes durch einseitige Erklärung des AG, Leistungen des AN selbst zu übernehmen. Es ist eine Regelung zu treffen.

Anderes gilt, wenn die Parteien nach Vertragsschluss die Reduzierung des Vertragsinhaltes vereinbaren, ohne die Vergütung zu regeln → Auslegung dieser Vereinbarung erforderlich, §§ 133, 157 BGB.

2.5.2.4 Änderungen im Pauschalvertrag

Grundsätzlich gelten die Vergütungsregeln der §§ 2 Abs. 4, 5 und 6 VOB/B auch für Pauschalverträge. Diese betreffen qualitative Änderungen des Leistungsumfangs. Quantitative Änderungen (Mengenmehrung) führen nur dann zu einer Änderung der Vergütung, wenn die ausgeführte Leistung von der vertraglich vorgesehenen Leistung so erheblich abweicht, dass ein Festhalten an der Pauschalsumme nicht zumutbar ist.

2

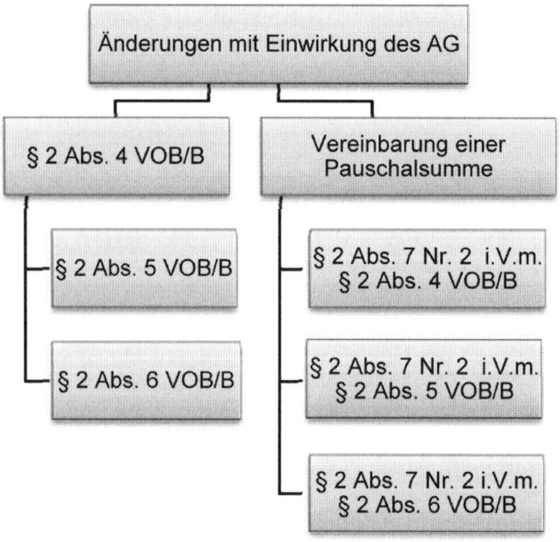

Bild 2.3 Änderungen unter Einwirkung des AG

2.5.3 Ohne Auftrag ausgeführte Leistungen

Nicht selten werden auf der Baustelle Leistungen ausgeführt, die vertraglich nicht vereinbart sind. Typischer Fall ist die Auftragserteilung durch eine vom Auftraggeber hierfür nicht bevollmächtigte Person (z. B. bauüberwachender Architekt).

§ 2 Nr. 8 VOB/B – Vergütung

(1) Leistungen, die der Auftragnehmer ohne Auftrag oder unter eigenmächtiger Abweichung vom Auftrag ausführt, werden nicht vergütet. Der Auftragnehmer hat sie auf Verlangen innerhalb einer angemessenen Frist zu beseitigen; sonst kann es auf seine Kosten geschehen. Er haftet außerdem für andere Schäden, die dem Auftraggeber hieraus entstehen.

(2) Eine Vergütung steht dem Auftragnehmer jedoch zu, wenn der Auftraggeber solche Leistungen nachträglich anerkennt. Eine Vergütung steht ihm auch zu, wenn die Leistungen für die Erfüllung des Vertrags notwendig waren, dem mutmaßlichen Willen des Auftraggebers entsprachen und ihm unverzüglich angezeigt wurden. (...)

(3) Die Vorschriften des BGB über die Geschäftsführung ohne Auftrag (§§ 677 ff. BGB) bleiben unberührt.

Die Regelung soll den Auftraggeber vor einer solchen Initiative des Auftragnehmers schützen. Gleichzeitig soll es dem Auftraggeber nicht zugutekommen, wenn er die Beauftragung von notwendigen Leistungen bewusst unterlässt.

Fallbeispiel

Die Uniklinik (OLG Karlsruhe/BGH IBR 1993, 230):
AN übernimmt Estrich-, Fliesen- und Abdichtungsarbeiten in einer Uni-Klinik. Zunächst war für sämtliche Räume eine Bodenabdichtung durch eine Bitumenschweißbahn zwischen Rohbeton und Estrich vorgesehen. Später einigte man sich auf die Abdichtung auf Epoxidharzbasis in der Küche. Dort wurde auch das dafür notwendige Fräsen des Rohbetons auf Grundlage einer entsprechenden Eventualposition angeordnet. AN fräste den Rohbeton aber nicht nur in der Küche, sondern auch in anderen Räumen. Hierfür verlangt er gemäß der Eventualposition eine Vergütung in Höhe von EUR 64.000. Zu Recht?

2

Die Klage bleibt in allen Instanzen ohne Erfolg. Es fehlt an einem Auftrag. Die Arbeiten waren auch nicht erforderlich.

Fallbeispiel

Die Kelleraußenwand (nach OLG Düsseldorf BauR 2000, 1878):
Die vom Rohbauer ausgeführte Abdichtung der Kelleraußenwände wurde (nach deren Abnahme) durch einen anderen AN beschädigt und muss teilweise erneuert werden. Auf Anweisung des nicht bevollmächtigten Architekten erledigt der Rohbauer dies. Der Auftraggeber zahlt die hierfür geforderte Vergütung nicht.

Das Gericht weist die Klage ab. Es besteht kein Anspruch des Rohbauers, da die entgeltliche Vergabe der Arbeiten nicht dem mutmaßlichen Interesse des AG entsprach (AG hätte gegen den Schädiger einen Ersatzanspruch gehabt). Der Architekt konnte den Bauherrn nicht wirksam vertreten.

2.6 Übungsfall zu Kapitel 2

Der schiefe Rohbau

Das Softwareunternehmen HAL errichtet ein neues Verwaltungsgebäude. Die Fensterbaufirma FBD übernimmt als Auftragnehmer die Ausführung der Fenster- und Fassadenarbeiten zum Pauschalpreis von 1,5 Mio. Euro. Die Parteien vereinbaren die Geltung der VOB/B. Der Vertrag beruht auf einem vom Architekten A gefertigten Leistungsverzeichnis.

Nach Beginn der Bauarbeiten meldet die FBD gegenüber der HAL Bedenken wegen der Qualität des Rohbaus an. Die Toleranzen liegen außerhalb des nach DIN 18 202 zulässigen Bereichs. Die FBD kündigt der HAL-Mehrkosten für die Anpassung der Unterkonstruktion für die vorgehängten Fassadenelemente von EUR 100.000,00 an (Nachtragsangebot). Der Auftraggeber reagiert darauf nicht.

Der Architekt A ordnet gegenüber der FBD an, dass dieser die Unterkonstruktion an den Rohbau anpassen solle. Die FBD führt diese Leistung aus und rechnet nach Fertigstellung und Abnahme die hierfür zusätzlich entstandenen Kosten ab (insgesamt also 1,6 Mio. Euro).

2

Die HAL zahlt nur den Pauschalpreis von EUR 1,5 Mio.

Kann die FBD die Zahlung weiterer EUR 100.000,00 verlangen?

Lösung:

Vorüberlegung: Wer will was von wem woraus?

Die FBD möchte als Auftragnehmer EUR 100.000,00 Vergütung von der HAL als Auftraggeber aus dem (Bau-)Werksvertrag (§ 631 Abs. 1 BGB).

Gibt es zwischen den Parteien hierzu eine (werk)vertragliche Vereinbarung?

Ein Vertrag kommt durch Angebot und Annahme zustande, §§ 145 ff. BGB.

Ein Angebot liegt vor. Die FBD hat Mehrkosten angemeldet.

Eine Annahme des Angebots durch die HAL fehlt; diese hat nicht reagiert.

Allerdings hat A gegenüber der FBD angeordnet, dass diese die Unterkonstruktion an den Rohbau anpassen solle. Diese wäre dann eine Annahme, wenn A die HAL wirksam vertreten konnte.

Grundsätzlich hat der bauleitende Architekt nicht die Befugnis, den Bauherrn rechtsgeschäftlich zu vertreten. Dies kommt nur in Betracht, wenn es im Vertrag ausdrücklich vereinbart ist oder sich aus den Umständen ergibt. Hierfür gibt es keine Anhaltspunkte.

Zwischenergebnis:

Mangels wirksamer Bevollmächtigung des A konnte dieser die HAL nicht verpflichten. Eine vertragliche Vereinbarung zwischen der FBD und der HAL über die Änderung der Unterkonstruktion zum Preis von 100.000 € ist nicht zustande gekommen. Die FBD hat daher keinen Anspruch aus § 631 Abs. 1 BGB auf Zahlung zusätzlicher 100.000 €.

Es kommen aber weitere Anspruchsgrundlagen in Betracht:

§ 2 Abs. 5 VOB/B

Der Anspruch scheitert, da es an einer Anordnung des Auftraggebers nach § 1 Abs. 3 VOB/B zum Bauentwurf fehlt. Der Architekt hat keine Vertretungsmacht.

§ 2 Abs. 8 Nr. 2 VOB/B:

1. Lösung

Da die Anordnung des Architekten dem Auftraggeber nicht zugerechnet wird, hat die FBD Leistungen „ohne Auftrag" ausgeführt. Die Leistungen waren wegen der Mängel an den Rohbauarbeiten erforderlich und wurden unverzüglich angezeigt. Sie entsprachen deshalb dem mutmaßlichen Willen des Auftraggebers, sodass der FBD ein Vergütungsanspruch zusteht.

2. Lösung

Auch notwendige Reparaturen müssen nicht stets dem mutmaßlichen Willen des Auftraggebers entsprechen. Dies kann dann nicht der Fall sein, wenn der Auftraggeber keine finanziellen Ressourcen hierfür hat oder Mangelbeseitigungsansprüche gegenüber einem Dritten (hier gegenüber dem Rohbauer) hat. Dann steht dem Auftraggeber kein Vergütungsanspruch zu.

Abwandlung 1

Was gilt, wenn der Architekt A während des gesamten Bauvorhabens immer wieder Leistungsänderungen angeordnet hat und die darauf basierenden Nachträge von der HAL auch bisher alle bezahlt wurden?

In diesem Fall hatte A Vertretungsmacht nach den Grundsätzen der Anscheins- und Duldungsvollmacht, weil die HAL es akzeptiert hat, dass der A sie vertraglich über den ursprünglichen Vertrag hinaus bindet. Die FBD stehen die EUR 100.000,00 aus dem Werkvertrag zu.

Abwandlung 2

Was gilt, wenn die Parteien **nicht** die VOB/B vereinbart haben?

Ansprüche nach § 2 Abs. 8 VOB/B scheiden dann aus. Allerdings sieht das BGB in §§ 677 ff. BGB eine ähnliche Regelung vor. Es kommt ein Anspruch aus „Geschäftsführung ohne Auftrag" in Betracht, wenn die Änderung der Unterkonstruktion im Interesse des Auftraggebers liegt und dessen mutmaßlichem Willen entspricht. Die FBD kann dann Ersatz ihrer Aufwendungen verlangen.

Abwandlung 3

Was gilt, wenn die Parteien keinen Pauschal-, sondern einen Einheitspreisvertrag geschlossen haben?

Die Beurteilung ändert sich nicht. Es handelt sich um eine Änderung des Bauentwurfs. Die Vorschriften der § 2 Abs. 5 und § 2 Abs. 8 gelten sowohl im Einheitspreis- als auch im Pauschalvertrag.

3 Die Abnahme der Werkleistung

EINGANGSFRAGEN

Was versteht man unter der Abnahme einer Bauwerksleistung?

Welche Bedeutungen hat die rechtsgeschäftliche Abnahme?

Welche nicht rechtsgeschäftlichen Abnahmebereiche gibt es im Rahmen von Bauverträgen?

Welches sind die verschiedenen rechtsgeschäftlichen Abnahmeformen?

Welche Unterschiede sind zu beachten, je nachdem ob ein BGB-Bauwerkvertrag oder ein VOB/B-Bauvertrag abgeschlossen wurde?

Welche Rechtsfolgen sind im Zusammenhang mit einer Abnahmeverweigerung möglich?

In welchem Zusammenhang stehen Kündigung und Abnahme bei einem Bauvertrag?

Welche Sonderfragen sind im Zusammenhang mit der Abnahme von Sonder-und Gemeinschaftseigentum im Wohnungseigentumsrecht zu beachten?

Welche AGB-Regelungen sind in Zusammenhang mit einer Abnahme denkbar?

Die Abnahme stellt den Dreh- und Angelpunkt bei der Abwicklung eines Bauvertrages dar. Bei jeder bauvertragsrechtlichen Fragestellung ist zunächst gedanklich zu prüfen, ob sich der Bauvertrag im Stadium vor oder nach der Abnahme befindet: Die Rechtsfolgen können jeweils völlig unterschiedlich sein. Das wohl bekannteste Beispiel ist die Umkehr der Beweislast für Mängel. Diese trägt vor der Abnahme der Auftragnehmer, nach der Abnahme dagegen der Auftraggeber (zu Ausnahmen von diesem Grundsatz s. Ziff. 3.2.7).

Das folgende Kapitel befasst sich mit Begriff und Bedeutung der rechtsgeschäftlichen Abnahme. Die verschiedenen Formen der Abnahme und Abnahmefiktionen werden dargestellt. Einen Schwerpunkt bilden die Rechtsfolgen, die mit der Abnahme verknüpft sind (Ziff. 3.2). Im Anschluss wird unter Ziff. 3.3 dargelegt, unter welchen Voraussetzungen der Auftragnehmer einen Anspruch auf Abnahme hat. Sodann werden mit der Abnahme nach Kündigung (Ziff. 3.4), der Teilabnahme (Ziff. 3.5) sowie der Abnahme bei Wohnungseigentum (Ziff. 3.6) Spezialfragen behandelt. Von besonderer Bedeutung sind Allgemeine Geschäftsbedingungen der Bauvertragsparteien betreffend die Abnahme. Hierzu werden unter Ziff. 3.7 Beispiele aus der Bauvertragspraxis vorgestellt. Abgerundet wird das Kapitel durch einen Übungsfall zur Abnahme unter Ziff. 3.8.

3.1 Begriff und Bedeutung der Abnahme

Die Abnahme ist einer der zentralen Begriffe des Werkvertragsrechts und stellt gleichzeitig eine wichtige Zäsur in dem auf eine gewisse Dauer angelegten Bauvertrag dar.

§ 640 BGB

(1) Der Besteller ist verpflichtet, das vertragsmäßig hergestellte Werk abzunehmen, sofern nicht nach der Beschaffenheit des Werkes die Abnahme ausgeschlossen ist. Wegen unwesentlicher Mängel kann die Abnahme nicht verweigert werden. Der Abnahme steht es gleich, wenn der Besteller das Werk nicht innerhalb einer ihm vom Unternehmer bestimmten angemessenen Frist abnimmt, obwohl er dazu verpflichtet ist.

(2) Nimmt der Besteller ein mangelhaftes Werk gemäß Absatz 1 Satz 1 ab, obschon er den Mangel kennt, so stehen ihm die in § 634 Nr. 1 bis 3 bezeichneten Rechte nur zu, wenn er sich seine Rechte wegen des Mangels bei der Abnahme vorbehält.

3.1.1 Definition der Abnahme

Es hat sich ein zweigliedriger Abnahmebegriff durchgesetzt. Danach versteht man unter der Abnahme

1. die körperliche Hinnahme des Werkes durch den Besteller (Auftraggeber)

und

2. die Billigung des Werkes als der Hauptsache nach vertragsgemäße Leistung.

Eine Ausnahme vom zweigliedrigen Abnahmebegriff gilt, wenn die körperliche Hinnahme des Werkes aufgrund dessen Beschaffenheit nicht möglich ist. Dann genügt die Billigung. Dies ist zum Beispiel der Fall, wenn Arbeiten an Gegenständen im Besitz des Auftraggebers abgenommen werden.

3.1.2 Rechtsnatur der Abnahme

Ob es sich bei der Abnahme um eine Willenserklärung, eine rechtsgeschäftsähnliche Handlung oder einen rein tatsächlichen Vorgang handelt, ist für den Praktiker ohne Belang, da auf die Abnahme jedenfalls die Vorschriften über Rechtsgeschäfte Anwendung finden.

Insbesondere gelten die gesetzlichen Vorschriften zur Stellvertretung, wenn die Abnahme nicht durch die Vertragspartei selbst durchgeführt wird.

Ein Architekt ist grundsätzlich nicht zur rechtsgeschäftlichen Abnahme bevollmächtigt. Dies muss ausdrücklich vertraglich vereinbart werden.

Fallbeispiel

Der Rohbau (nach OLG Düsseldorf IBR 1997, 380):

Der Architekt hat für den Bauherrn den Bauvertrag abgeschlossen, Wochenberichte abgezeichnet und Rechnungen geprüft. In den BVB ist eine förmliche Abnahme durch den Architekten vorgesehen.

Ist der Architekt bevollmächtigt, die rechtsgeschäftliche Abnahme durchzuführen?

Aufgrund der o. g. Umstände darf der Bauunternehmer ausnahmsweise darauf schließen, dass der Architekt auch befugt ist, die rechtsgeschäftliche Abnahme durchzuführen. Sein umfangreiches Tätigwerden führt zu einer Duldungs- oder Anscheinsvollmacht zur Abnahme.

3.1.3 Hauptpflicht

Der Auftraggeber ist gesetzlich zur Abnahme verpflichtet, wenn die entsprechenden Voraussetzungen vorliegen. Es handelt sich um eine sogenannte Hauptpflicht, die selbstständig eingeklagt werden kann.

Diese Verpflichtung besteht nicht, wenn nach der Beschaffenheit des Werkes die Abnahme ausgeschlossen ist. In diesen Fällen tritt die Vollendung des Werkes an die Stelle der Abnahme (§ 646 BGB). Diese gesetzliche Ausnahme (§ 640 Abs. 1 Satz 1 Halbsatz 2) greift im Baurecht praktisch nie, da Bauwerke als körperliche Werke stets abnahmefähig sind. Gemeint sind Werke wie zum Beispiel Theateraufführungen, Konzerte oder Beförderungsleistungen – hier wäre eine Anerkennung des Werkes als vertragsgemäße Leistung nach der Verkehrssitte unüblich, weil sinnlos.

Wie verhält es sich mit Architekten-/Ingenieurwerken?

Nach ständiger Rechtsprechung des BGH ist auch das (geistige) Werk der Architekten und Ingenieure einer Abnahme zugänglich, da es jedenfalls ganz überwiegend billigungsfähig ist. Architekten- und Ingenieurwerke fallen also nicht unter die Ausnahme des § 640 Abs. 1

S. 1 HS 2 BGB und sind abzunehmen. Dies gilt auch für Leistungen der Objektüberwachung und -betreuung, auch wenn diese in der Praxis meist nicht ausdrücklich abgenommen werden.

3.1.4 Rechtsgeschäftliche Abnahmeformen

3.1.4.1 Ausdrückliche Abnahme

3

Es genügt jede ausdrückliche Erklärung des Auftraggebers, aus der sich die Abnahme ergibt. Der Begriff „Abnahme" muss nicht verwendet werden. Die Erklärung bedarf grundsätzlich keiner bestimmten Form. Häufig vereinbaren die Parteien aber Schriftform, was zu Beweiszwecken zu empfehlen ist.

3.1.4.2 Stillschweigende (konkludente) Abnahme

Eine Abnahme kann auch dann vorliegen, wenn dem Verhalten des Auftraggebers zu entnehmen ist, dass er die Leistung als im Wesentlichen vertragsgerecht billigt. Dies setzt voraus, dass der Auftraggeber innerhalb angemessener Frist Gelegenheit hatte, das Werk zu prüfen und zu bewerten. Reines Schweigen genügt für eine konkludente Abnahme in der Regel nicht.

Beispiele aus der Rechtsprechung:

- Vorbehaltlose Schlusszahlung (OLG Naumburg/BGH IBR 2006, 402)
- Rechnungsprüfung und Mitteilung des Prüfergebnisses durch den AG (OLG Düsseldorf IBR 2004, 5)
- Unterzeichnung einer Auftrags- und Ausführungsbestätigung des AG, auch bei gleichzeitiger Rüge kleinerer Mängel (OLG Düsseldorf BauR 1998, 126)
- Einbehalt eines Betrages für gerügte Mängel i. R. eines Schlussgespräches über Restforderung des AN (OLG Koblenz NJW-RR 1994, 786)
- AG und AN einigen sich nach mehreren Besichtigungen der Leistung über die Schlussrechnung mit Zu- und Abschlägen (OLG Dresden IBR 2003, 670)
- AG nutzt erkennbar das Werk, lässt darauf aufbauend das Objekt fertig stellen, bezahlt wesentliche Teile der Schlussrechnung vorbehaltlos und erhebt innerhalb angemessener Prüfungsfrist keine Mängelrüge (OLG Düsseldorf IBR 2008, 569)
- bei Rüge unwesentlicher Mängel i. d. R. Abnahme
- Sonderfall: Bezug des Bauwerks durch den AG:
  Dies kann eine konkludente Abnahme darstellen, sofern sich aus Verhalten des AG nichts Anderes ergibt (angemessene Prüfungsfrist).

Keine konkludente Abnahme liegt vor z. B. bei

- Einzug „unter Zwang" – i. d. R. kein Abnahmewillen des AG
- wenn das Bauwerk noch nicht fertig gestellt ist oder erkennbare wesentliche Mängel hat – deshalb u. U. trotz mehrjährigen Bewohnens keine Abnahme

- Ingebrauchnahme des Werkes trotz Mängelrügen
- bei Rüge wesentlicher Mängel

Fallbeispiel

Das Sportstudio (nach BGH IBR 2002, 465):
AG hatte ein Sportstudio bezogen und eröffnet. Sowohl vor als auch nach dem Bezug rügte er wesentliche Mängel und wies auf die Erforderlichkeit einer mangelfreien Abnahme hin.

Der BGH sieht im Einzug und der Eröffnung des Sportstudios keine Abnahme. Aus den Äußerungen des AG ergebe sich, dass er das Werk nicht als im Wesentlichen vertragsgerecht gebilligt habe.

3.1.4.3 Förmliche Abnahme

Bei der förmlichen Abnahme handelt es sich um eine ausdrückliche Abnahme, bei der die Parteien eine bestimmte, zuvor vereinbarte Form beachten. Das BGB enthält keine Vorschriften zur förmlichen Abnahme. Die Form kann deshalb frei gewählt werden, wobei eine Vereinbarung auch in Allgemeinen Geschäftsbedingungen zulässig ist.

Gegenstand einer förmlichen Abnahme ist regelmäßig, dass die Parteien die Bauleistung im Rahmen eines Abnahmetermins gemeinsam überprüfen und das Ergebnis schriftlich in einem Protokoll festhalten.

In der VOB/B ist die förmliche Abnahme ausdrücklich geregelt. Machen die Parteien die VOB/B zum Vertragsbestandteil, bedarf es deshalb keiner zusätzlichen Vereinbarung. Eine förmliche Abnahme muss dann stattfinden, wenn eine der Parteien es verlangt. Dieses Verlangen kann bereits im Bauvertrag selbst gestellt werden. Kommt der Auftragnehmer trotz Einladung durch den Auftraggeber diesem Verlangen nicht nach, kann die förmliche Abnahme auch ohne ihn stattfinden.

§ 12 Abs. 4 VOB/B – Abnahme

(1) Eine förmliche Abnahme hat stattzufinden, wenn eine Vertragspartei es verlangt. Jede Partei kann auf ihre Kosten einen Sachverständigen hinzuziehen. Der Befund ist in gemeinsamer Verhandlung schriftlich niederzulegen. In die Niederschrift sind etwaige Vorbehalte wegen bekannter Mängel und wegen Vertragsstrafen aufzunehmen, ebenso etwaige Einwendungen des Auftragnehmers. Jede Partei erhält eine Ausfertigung.

(2) Die förmliche Abnahme kann in Abwesenheit des Auftragnehmers stattfinden, wenn der Termin vereinbart war oder der Auftraggeber mit genügender Frist dazu eingeladen hatte. Das Ergebnis der Abnahme ist dem Auftragnehmer alsbald mitzuteilen.

Auch auf die förmliche Abnahme kann verzichtet werden – auch konkludent. Der Verzicht muss sich aber aus dem Verhalten der Parteien unzweifelhaft ergeben (OLG Düsseldorf IBR 2007, 1111; OLG Jena IBR 2005, 527; OLG Bamberg IBR 2006, 1421).

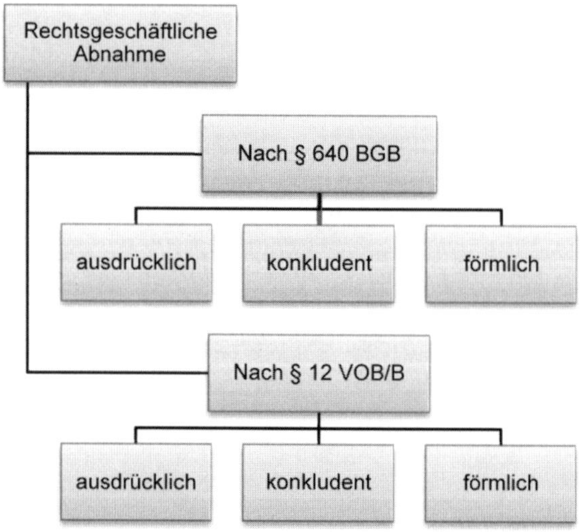

Bild 3-1 Rechtsgeschäftliche Abnahme

3.1.5 Die fiktive Abnahme

Unter einer fiktiven Abnahme versteht man, dass die Abnahmewirkungen eintreten, obwohl die Parteien das Werk weder tatsächlich noch konkludent abgenommen haben.

3.1.5.1 BGB

Eine Abnahmefiktion ist im BGB ausdrücklich geregelt:

§ 640 Abs. 1 S. 3 BGB:

> *Der Abnahme steht es gleich, wenn der Besteller das Werk nicht innerhalb einer ihm vom Unternehmer bestimmten angemessenen Frist abnimmt, obwohl er dazu verpflichtet ist.*

Die fiktive Abnahme setzt voraus:

1. Pflicht zur Abnahme,

   das Werk muss abnahmereif, also vertragsgemäß und ohne wesentliche Mängel sein.

2. Angemessenheit der Frist,

   je nach konkreter Beschaffenheit des Werkes; Anhaltspunkt: Frist des § 12 Abs. 1 VOB/B (zwölf Werktage).

Liegen diese Voraussetzungen vor, treten nahezu alle Abnahmewirkungen mit Fristablauf ein. Dies gilt nicht für die Mängelansprüche. Diese bleiben dem Auftraggeber auch ohne Vorbehalt erhalten. Umstritten ist, ob ein etwaiger Anspruch auf Vertragsstrafe bei fehlendem Vorbehalt auch im Falle einer fiktiven Abnahme verloren geht.

Entsprechendes ist im Bauvertrag zu vereinbaren.

3.1.5.2 VOB/B

Zunächst gilt § 640 Abs. 1 S. 3 BGB auch im VOB/B-Vertrag. Dies wird leicht übersehen, da es auch in den VOB/B zwei Regelungen zur fiktiven Abnahme gibt:

§ 12 Abs. 5 VOB/B. Abnahme

(1) Wird keine Abnahme verlangt, so gilt die Leistung als abgenommen mit Ablauf von 12 Werktagen nach schriftlicher Mitteilung über die Fertigstellung der Leistung.

(2) Wird keine Abnahme verlangt und hat der Auftraggeber die Leistung oder einen Teil der Leistung in Benutzung genommen, so gilt die Abnahme nach Ablauf von 6 Werktagen nach Beginn der Benutzung als erfolgt, wenn nichts anderes vereinbart ist. Die Benutzung von Teilen einer baulichen Anlage zur Weiterführung der Arbeiten gilt nicht als Abnahme.

(3) Vorbehalte wegen bekannter Mängel oder wegen Vertragsstrafen hat der Auftraggeber spätestens zu den in den Absätzen 1 und 2 bezeichneten Zeitpunkten geltend zu machen.

a) Die fiktive Abnahme nach § 12 Abs. 5 Nr. 1 VOB/B setzt voraus

1. Abnahmereife (Bauleistung im Wesentlichen fertig gestellt),
2. kein Abnahmeverlangen und keine Abnahmeverweigerung,
3. schriftliche Mitteilung des AN an den AG über die Fertigstellung der Leistung
   Achtung: Diese Mitteilung muss nicht unbedingt ausdrücklich erfolgen – ausreichend kann zum Beispiel auch die Übersendung der Schlussrechnung sein.
4. AG nimmt innerhalb der Frist von zwölf Werktagen (Samstag ist Werktag) keine Verbindung mit AN wegen Abnahme auf.

   Die Abnahmefiktion ist auch möglich, wenn ursprünglich eine förmliche Abnahme nach § 12 Nr. 4 VOB/B vereinbart war und die Parteien darauf nicht mehr zurückkommen.

b) Die fiktive Abnahme nach § 12 Abs. 5 Nr. 2 VOB/B setzt voraus:

1. Abnahmereife (Bauleistung im Wesentlichen fertig gestellt),
2. kein Abnahmeverlangen und keine Abnahmeverweigerung,
3. Inbenutzungnahme durch den AG
   Die Inbenutzungnahme setzt die Benutzung zum eigentlichen Zweck – z. B. das Wohnen im Haus, das Fahren auf der Straße voraus. Nicht ausreichend ist die Erprobung der Leistung, wie zum Beispiel der Probelauf einer Heizung.
   Keine Inbenutzungnahme stellt die Nutzung von Teilen der baulichen Anlagen zur Weiterführung der Arbeiten dar (wie in § 12 Abs. 5 Nr. 2 S. 2 VOB/B ausdrücklich geregelt ist, z. B. Rohbau – Innenausbau).

4. AG nimmt innerhalb der Frist von sechs Werktagen keine Verbindung mit AN wegen Abnahme auf

Eine fiktive Abnahme ist auch möglich, wenn die Parteien bei ursprünglich vereinbarter förmlicher Abnahme innerhalb der Frist weder einen Abnahmetermin anberaumen noch die Abnahme verweigern. Damit können die Parteien auf die förmliche Abnahme verzichten (KG IBR 2006, 324).

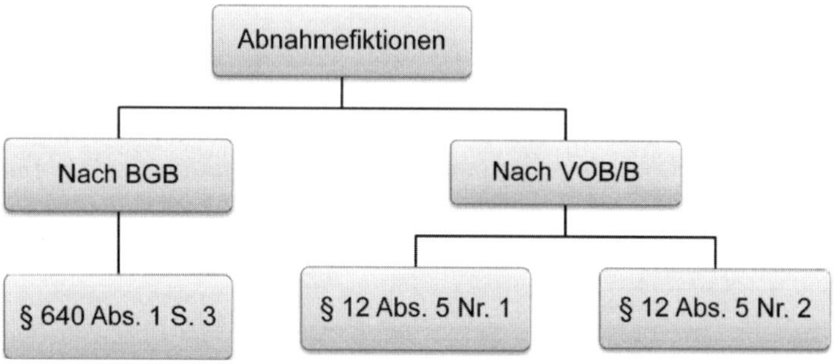

Bild 3-2 Abnahmefiktionen

3.1.6 „Technische Abnahme“

Die „technische Abnahme“ stellt **keine** Abnahme im Sinn des BGB oder der VOB/B dar. Es gibt auch keine juristische Definition der „technischen“ Abnahme. Teilweise versteht man darunter die gemeinsame Begehung des Objekts durch den bauüberwachenden Architekten und den Auftragnehmer, mit dem Ziel, die eigentliche rechtsgeschäftliche Abnahme vorzubereiten.

Eine besondere Regelung enthalten die Ausführungsvorschiften des § 4 Abs. 10 VOB/B. Man spricht dabei fälschlicherweise von der „technischen Abnahme“. Danach ist der Zustand von Teilen der Leistung auf Verlangen gemeinsam von Auftraggeber und Auftragnehmer festzustellen, wenn diese Teile der Leistung durch die weitere Ausführung der Prüfung und Feststellung entzogen werden. Das Ergebnis ist sodann schriftlich niederzulegen. Dies kann zum Beispiel sinnvoll sein, wenn Betondecken vor dem Aufbringen des Estrichs, Rohrleitungen vor dem Wiederverfüllen oder ein Untergrund vor dem Verlegen von Platten geprüft werden soll.

3.1.7 Behördliche Abnahmen

Behördliche Abnahmen beruhen auf Vorschriften des öffentlichen Baurechts (z. B. die Rohbauabnahme und die Schlussabnahme). Damit soll die Einhaltung des Bauordnungsrechts sichergestellt werden.

Die behördliche Abnahme bedeutet nicht, dass die Leistung zivilrechtlich abnahmereif ist. Umgekehrt kann aber die fehlende behördliche Abnahme einer zivilrechtlichen Abnahme im Wege stehen.

§ 74 HBO – Bauzustandsbesichtigung, Aufnahme der Nutzung

(1) Die Fertigstellung des Rohbaus und die abschließende Fertigstellung von Gebäuden (...) sind der Bauaufsichtsbehörde und der Katasterbehörde jeweils mindestens zwei Wochen vorher unter Angabe des Zeitpunkts der Fertigstellung anzuzeigen. (...)

(2) Zur Besichtigung des Rohbaus sind, soweit möglich, die Bauteile, die für die Standsicherheit und den Brandschutz, für den Wärme- und Schallschutz sowie für die Abwasserbeseitigung wesentlich sind, derart offen zu halten, dass Maße und Ausführungsart geprüft werden können. Für die Besichtigungen und die damit verbundenen möglichen Prüfungen sind die erforderlichen Arbeitskräfte und Geräte bereitzustellen. (...)

(3) Ob und in welchem Umfang eine Besichtigung aufgrund der Anzeigen nach Abs. 1 durchgeführt wird, bleibt dem Ermessen der Bauaufsichtsbehörde überlassen. (...)

1. Unter Abnahme versteht man die körperliche Hinnahme des Werkes und dessen Billigung als vertragsgemäße Leistung.
2. Auf die Abnahme sind die Vorschriften für Rechtsgeschäfte anwendbar (z. B. Stellvertretung)
3. Die Abnahme ist eine Hauptpflicht des Auftraggebers, auf die der Auftragnehmer einen Anspruch hat.
4. Bauwerke, Architekten- und Ingenieurwerke sind stets abnahmefähig.
5. Im VOB/B-Vertrag kann förmliche Abnahme verlangt werden.
6. Eine Abnahme kann auch fingiert werden.

3.2 Rechtsfolgen der Abnahme

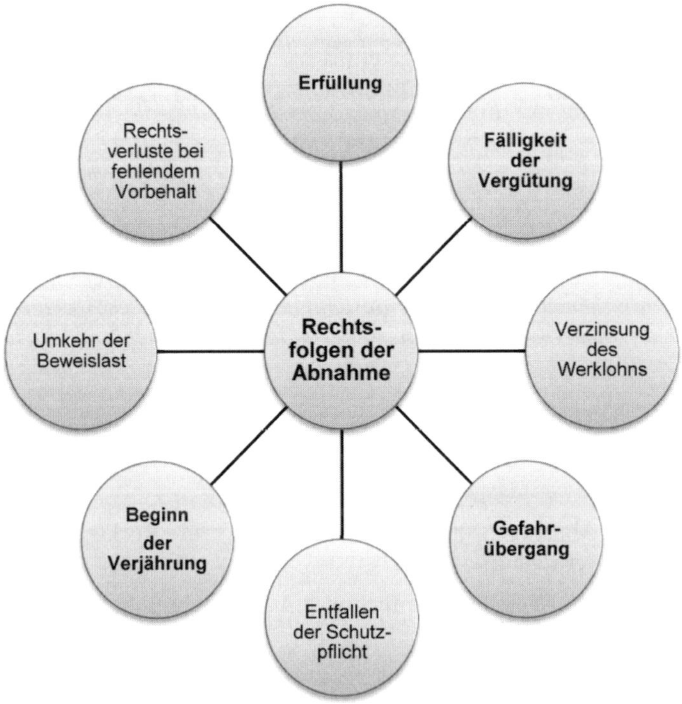

Bild 3-3 Rechtsfolgen der Abnahme

3.2.1 Erfüllung

Mit Abschluss des Werkvertrags verpflichtet sich der Auftragnehmer zur Herstellung des versprochenen Werkes (§ 631 Abs. 1 BGB). Mit der Abnahme hat er diese Leistungspflicht erfüllt. Nach Abnahme stehen dem Auftraggeber „nur“ noch Mangelbeseitigungsansprüche zu.

3.2.2 Fälligkeit der Vergütung

Ausdruck der Vorleistungspflicht des Auftragnehmers ist, dass die Vergütung erst mit Abnahme fällig wird.

3.2.2.1 Der BGB-Vertrag

§ 641 BGB. Fälligkeit der Vergütung

Die Vergütung ist bei der Abnahme des Werkes zu entrichten. …

a) Einwendungen bei Mängeln

Gilt dies auch, wenn Mängel vorliegen?

§ 641 BGB – Fälligkeit der Vergütung

(1)-(2) ...

(3) Kann der Besteller die Beseitigung eines Mangels verlangen, so kann er nach der Fälligkeit die Zahlung eines angemessenen Teils der Vergütung verweigern; angemessen ist in der Regel das Doppelte der für die Beseitigung des Mangels erforderlichen Kosten.

Die Regelung in Abs. 3 bezeichnet man häufig als Druckzuschlag. Der Auftragnehmer soll auf diesem Weg zur zügigen Mangelbeseitigung angehalten werden. Der Druckzuschlag betrug bis zum Inkrafttreten des Forderungssicherungsgesetzes (FoSiG) zum 1. Januar 2009 „mindestens das Dreifache" der für die Beseitigung des Mangels erforderlichen Kosten.

Die Darlegungs- und Beweislast für die Höhe der voraussichtlichen Mangelbeseitigungskosten trägt der Auftragnehmer, obwohl es sich um eine Einwendung des Auftraggebers handelt. Dies wird damit begründet, dass der Auftragnehmer größere Sachnähe zur Mängelbeseitigung hat und über die Art und Weise der Nacherfüllung entscheidet. Der Auftraggeber muss deshalb zunächst nur grob schätzen und kann seinen Einbehalt in einem etwaigen Prozess dann ggf. nach unten anpassen, ohne Nachteile zu haben.

b) Fälligkeit ohne Abnahme (Durchgriffsfälligkeit)

Eine besondere Form des Schutzes von Subunternehmern ist in § 641 Abs. 2 BGB geregelt. Folgendes Beispiel soll die ausführliche Regelung verdeutlichen:

Nachunternehmer N baut im Auftrag des Generalunternehmers G im Haus des Bauherrn B Fenster ein. N hat seine Leistung erbracht.

Der Vergütungsanspruch des N gegen G wird (auch) dann fällig,

1. wenn G von dem Bauherrn B für das versprochene Werk wegen dessen Herstellung seine Vergütung oder Teile davon erhalten hat,
2. soweit das Werk des G von dem B abgenommen worden ist oder als abgenommen gilt oder
3. wenn der N dem G erfolglos eine angemessene Frist zur Auskunft über die in den Nummern 1 und 2 bezeichneten Umstände bestimmt hat.

3.2.2.2 Der VOB/B-Vertrag

Auch im VOB/B-Vertrag wird die Vergütung mit Abnahme fällig. Allerdings hat der Auftragnehmer wegen der Regelung in § 16 Abs. 1 Satz 1 VOB/B regelmäßig bereits Abschlagszahlungen erhalten.

Als Besonderheit der VOB/B erhält der Auftraggeber noch eine zweimonatige Zahlungsfrist nach Zugang der Schlussrechnung.

§ 16 Abs. 3 Nr. 1 VOB/B

Der Anspruch auf die Schlusszahlung wird alsbald nach Prüfung und Feststellung der vom Auftragnehmer vorgelegten Schlussrechnung fällig, spätestens innerhalb von 2 Monaten nach Zugang. ...

3.2.3 Verzinsung des Werklohns

3.2.3.1 BGB-Vertrag

3

Im BGB-Vertrag muss der Auftraggeber nach § 641 Abs. 4 BGB Zinsen seit der Abnahme bezahlen. Die maßgeblichen Zinssätze betragen 4 % gemäß § 246 BGB oder bei beiderseitigen Handelsgeschäften nach § 352 HGB 5 %. Es handelt sich um eine gesetzliche Verzinsung, für die kein Verzug erforderlich ist.

3.2.3.2 Besonderheit beim VOB/B-Vertrag:

Die VOB/B kennt keine Fälligkeitszinsen. Der Auftraggeber schuldet nur Verzugszinsen und diese auch erst nach Ablauf einer angemessenen Nachfrist.

§ 16 Abs. 5 Nr. 3 VOB/B

Zahlt der Auftraggeber bei Fälligkeit nicht, so kann ihm der Auftragnehmer eine angemessene Nachfrist setzen. Zahlt er auch innerhalb der Nachfrist nicht, so hat der Auftragnehmer vom Ende der Nachfrist an Anspruch auf Zinsen in Höhe der in § 288 BGB angegebenen Zinssätze, wenn er nicht einen höheren Verzugsschaden nachweist. ...

3.2.3.3 Verzugszinsen

Die Ansprüche auf Verzugszinsen sind in den §§ 286, 288 BGB geregelt.

Der Auftraggeber befindet sich in Verzug, wenn er nicht bezahlt, obwohl die Zahlung fällig ist und er gemahnt wurde. Einer Mahnung bedarf es nicht, wenn sich der Zahlungszeitpunkt nach dem Kalender bestimmen lässt. Unabhängig von einer Mahnung kommt der Auftraggeber spätestens 30 Tage nach Fälligkeit und Rechnungszugang in Verzug. Wenn der Auftraggeber Verbraucher ist, gilt dies nur, wenn er in der Rechnung darauf hingewiesen wurde.

Der Zinssatz bei Verzug beträgt gemäß § 288 BGB grundsätzlich 5 Prozentpunkte über dem Basiszinssatz. Die Höhe des Basiszinssatzes ändert sich halbjährlich. In 2010 betrug der Basiszinssatz 0,12 %. Wenn keine der Parteien Verbraucher ist, beträgt der Zinssatz 8 Prozentpunkte über dem Basiszinssatz.

Stets ist der Nachweis eines konkret entstandenen, höheren Schadens möglich.

3.2.4 Gefahrübergang

Was gilt, wenn die Bauleistung durch ein Unwetter oder durch Vandalismus zerstört wird?

1. Muss der Auftragnehmer das Werk erneut herstellen?
2. Muss der Auftraggeber eine Vergütung bezahlen?

Fallbeispiel

Der Bauernhof (nach OLG Düsseldorf IBR 2003, 65):
Der Auftraggeber möchte einen ehemaligen Bauernhof am Stadtrand zu einer Arztpraxis aus- und umbauen. Der Auftragnehmer hat seine Arbeiten etwa zur Hälfte fertig gestellt. Bei Lötarbeiten im Verantwortungsbereich des Auftragnehmers kommt es zu einem Großbrand, bei dem das Haus so weit zerstört wird, dass nur noch der Abriss und der Neuaufbau bleiben. Der Auftragnehmer hat bisher Abschlagszahlungen von rund EUR 130.000,00 erhalten. Wie entscheidet das Gericht?

Es kommt darauf an, wer die „Gefahr“ – das Risiko – für die Bauleistungen trägt.

3.2.4.1 Gefahrübergang im Zeitpunkt der Abnahme

§ 644 Abs. 1 Satz 1

Der Unternehmer trägt die Gefahr bis zur Abnahme des Werkes.

- Bis zur Abnahme trägt grundsätzlich der Auftragnehmer die Gefahr für seine Leistungen. Bei zufälligem Untergang, zufälliger Verschlechterung oder zufällig eintretender Unausführbarkeit der Bauleistung hat der Auftragnehmer keinen Werklohnanspruch für die erbrachte Leistung. Der Auftragnehmer muss die Werkleistung erneut erbringen, auch wenn sie ohne sein Verschulden untergegangen ist, gestohlen oder beschädigt wurde.
- Mit der Abnahme geht dieses Risiko auf den Auftraggeber über.
  In dem Fallbeispiel „Der Bauernhof“ hat das Gericht den Auftragnehmer zur Rückzahlung der bereits erhaltenen Abschlagszahlungen verurteilt. Das Bauvorhaben war noch nicht abgenommen, weshalb der Auftragnehmer keine Vergütung verlangen konnte.

3.2.4.2 Ausnahme: Gefahrübergang vor Abnahme

In bestimmten Ausnahmefällen geht die Gefahr auch schon vor Abnahme auf den Auftraggeber über:

- Annahmeverzug des Auftraggebers (§ 644 Abs. 1 S. 2 BGB)
- Untergang/Verschlechterung/unausführbar gewordenes Werk infolge einer vom AG erteilten Anweisung (§ 645 Abs. 1 S. 1 BGB).

Dies kann auch eine vorübergehende Unterbrechung der Arbeiten sein, die der Auftraggeber anordnet. Der Auftraggeber trägt die Gefahr für dadurch entstehende Schäden an noch nicht abgenommenen Bauleistungen (OLG Düsseldorf IBR 2005, 477).

Fallbeispiel

Die Bohrarbeiten (nach OLG Naumburg, IBR 2004, 481)

Ein Bohrunternehmer soll Bohrarbeiten zur Verlegung von Schutzrohren für Glasfaserkabel ausführen. Der Vertrag regelt, dass der Auftraggeber die Risiken des Baugrundes trägt. Bei der Ausführung der Arbeiten kommt es zu Ausbrüchen des Bodens, woraufhin die Arbeiten eingestellt und abgebrochen werden müssen. Der bereits teilweise hergestellte Bohrkanal bricht ein und ist nicht mehr brauchbar.

Der Auftragnehmer verlangt Zahlung des Werklohns.

Lösung:

Das Gericht gibt ihm recht. Die Werkleistung des Unternehmers sei vor Abnahme unbrauchbar geworden, was an einem Mangel des vom Auftraggeber gelieferten Baustoffes, dem Baugrund, liege.

Anmerkung:

Auch ohne gesonderte vertragliche Vereinbarung trägt der Bauherr generell das Baugrundrisiko. Der Baugrund stellt einen Baustoff i. S. v. § 645 BGB dar.

3

3.2.4.3 Besonderheit beim VOB/B-Vertrag

Im VOB/B-Vertrag gibt es neben der Grundregel in § 12 Abs. 6 VOB/B, wonach die Gefahr mit Abnahme übergeht, eine besondere Gefahrtragungsregelung:

§ 7 VOB/B – Verteilung der Gefahr

(1) Wird die ganz oder teilweise ausgeführte Leistung vor der Abnahme durch höhere Gewalt, Krieg, Aufruhr oder andere objektiv unabwendbare vom Auftragnehmer nicht zu vertretende Umstände beschädigt oder zerstört, so hat dieser für die ausgeführten Teile der Leistung die Ansprüche nach § 6 Abs. 5; für andere Schäden besteht keine gegenseitige Ersatzpflicht.

Abweichend vom BGB geht in den Fällen des § 7 Abs. 1 VOB/B die Vergütungsgefahr auch schon vor Abnahme auf den Auftraggeber über.

Wann sind „unabwendbare Umstände" gegeben?

Ereignisse, die objektiv, also unabhängig von der konkreten Situation des betroffenen Auftragnehmers

- unvorhersehbar und
- unvermeidbar sind.

Beispiel Ein Auftragnehmer sichert die Baustelle wegen eines bevorstehenden Sturms ab. Der Sturm entwickelt sich unvorhersehbar zu einem „Jahrhundertorkan". Durch diesen wird die Bauleistung beschädigt. Der AN kann im VOB/B-Vertrag Vergütung für die beschädigte Leistung verlangen.

Fallbeispiel

Die Tiefgarage (nach OLG Naumburg IBR 2002, 186):

Der Auftraggeber lässt ein Büro- und Geschäftshaus mit Tiefgarage errichten. Die Oberfläche der Tiefgarage soll als Parkfläche für PKW genutzt werden. Ein Dachdecker erbringt aufgrund VOB/B-Vertrages die Dachabdichtung. Anschließend soll die Fläche gepflastert werden.

Nach Fertigstellung, jedoch vor Abnahme der Abdichtungsarbeiten, befährt der Pflasterer die Fläche mit einem LKW und beschädigt sie. Der Dachdecker repariert die Schäden an der Oberfläche und verlangt die Kosten vom Auftraggeber. Zu Recht?

3

Grundsätzlich trägt der Auftragnehmer die Gefahr bis zur Abnahme. Greift eine Ausnahme?

- Da es sich um einen VOB/B-Vertrag handelt, könnte hier die Gefahr schon vor der Abnahme übergegangen seien, wenn objektiv unabwendbare Umstände i. S. v. § 7 Abs. 1 VOB/B vorliegen. Dies ist nicht der Fall. Wenn der Auftraggeber Arbeiten anderer Unternehmer veranlasst, ist er für diese nur dann verantwortlich, wenn diese auch bei ordnungsgemäßer Durchführung die Werkleistung zwangsläufig gefährdet hätten. Die Pflasterung hätte hier aber auch durchgeführt werden können, ohne dass ein Lkw auf die Fläche fährt. Es liegen deshalb keine objektiv unabwendbaren Umstände vor.
- Der Auftraggeber befand sich auch nicht in Annahmeverzug nach § 644 Abs. 1 S. 2 BGB.
- Der Auftraggeber hatte zwar die Pflasterarbeiten, nicht jedoch das Befahren der Dachfläche mit Lkw angeordnet. Es greift deshalb auch keine Ausnahme nach § 645 Abs. 1 BGB, der auch im VOB/B-Vertrag grundsätzlich Anwendung findet.

Dem Auftragnehmer steht jedoch ein Anspruch auf Abtretung des Schadensersatzanspruches des Auftraggebers gegen den Pflasterer zu. Dies nennt man Drittschadensliquidation. Der Auftraggeber hat einen Anspruch, weil sein Eigentum beschädigt wurde, aber keinen Schaden. Dagegen hat der Dachdecker einen Schaden – die Kosten der Erneuerung – aber keinen Anspruch, da ein Gefahrübergang noch nicht eingetreten war.

Auch im Fallbeispiel „Der Bauernhof" hilft § 7 VOB/B dem Auftragnehmer nicht, denn der Auftragnehmer muss beweisen, dass die Voraussetzungen für den vorzeitigen Gefahrübergang vorliegen. Dies konnte der Auftragnehmer nicht, da die Brandursache in seinem Einflussbereich vermutet wurde.

Anders wäre es, wenn die Lötarbeiten im Verantwortungsbereich des Auftraggebers lägen.

3.2.5 Ende der Schutzpflicht aus § 4 Abs. 5 VOB/B

Mit Abnahme endet die Schutzpflicht des Auftragnehmers, die für diesen sehr weit reichende Konsequenzen haben kann.

§ 4 Abs. 5 VOB/B

Der Auftragnehmer hat die von ihm ausgeführten Leistungen und die ihm für die Ausführung übergebenen Gegenstände bis zur Abnahme vor Beschädigung und Diebstahl zu schützen. Auf Verlangen des Auftraggebers hat er sie vor Winterschäden und Grundwasser zu schützen, ferner Schnee und Eis zu beseitigen. Obliegt ihm die Verpflichtung nach Satz 2 nicht schon nach dem Vertrag, so regelt sich die Vergütung nach § 2 Abs. 6.

3

Fallbeispiel

Das Notdach (nach OLG Celle IBR 2003, 121):

Der Auftraggeber beauftragt den Auftragnehmer aufgrund VOB/B-Vertrages mit Zimmerer- und Dachdeckerarbeiten gegen Pauschalpreis. Der Auftragnehmer bot vor Beginn der Arbeiten die Errichtung eines Notdaches gegen zusätzliche Vergütung an, was der Auftraggeber aus Kostengründen ablehnte. Nach Fertigstellung des Dachstuhls, jedoch noch vor Dacheindeckung kommt es zu massivem Wassereintritt in das Haus.

Der Auftraggeber fordert Schadensersatz. Zu Recht?

Aufgrund der Schutzpflicht aus § 4 Abs. 5 VOB/B muss ein AN, der ein vorhandenes Dach öffnet, den Eintritt von Niederschlägen in das darunter liegende Wohnhaus verhindern, z. B. mittels einer Schutzfolie. Diese Pflicht hat der Auftragnehmer hier verletzt. Auf das Angebot des Auftragnehmers, gegen zusätzliche Vergütung ein Notdach zu errichten, kommt es nicht an. Der Auftraggeber durfte aufgrund des vereinbarten Pauschalpreises davon ausgehen, dass darin alle notwendigen Arbeiten, die auch Schutzmaßnahmen gegen Witterung umfassen, enthalten sind. Eine zusätzliche Vergütung hätte der Auftragnehmer hierfür wegen § 4 Abs. 5 S. 1 VOB/B ohnehin nicht fordern können. Nach Abnahme wäre der Auftragnehmer nicht mehr zum Schutz des Daches verpflichtet gewesen.

3.2.6 Beginn der Verjährungsfrist für Mängelansprüche

Mit der Abnahme beginnt die Verjährung der Mängelansprüche. Dies ergibt sich aus § 634a Abs. 2 BGB bzw. § 13 Abs. 4 Nr. 3 VOB/B.

Fallbeispiel

Das Abnahmeprotokoll (nach OLG Saarbrücken IBR 2005, 419):

Der Auftraggeber einer Glassonderkonstruktion für ein Verwaltungsgebäude unterzeichnet ein mit Abnahmeprotokoll überschriebenes Formular. Dort heißt es: Der Bauherr erteilt Abnahme des oben aufgeführten Gewerkes, wenn folgende Mängel bis zum … 1993 beseitigt sind. Im Protokoll sind zahlreiche Mängel aufgelistet. Der Auftragnehmer beseitigt die beschriebenen Mängel. Einige Jahre später erhebt der Bauherr Klage auf Kostenvorschuss gegen den Auftragnehmer wegen weiterer Mängel. Der Auftragnehmer wendet ein, die Ansprüche seien verjährt. Dies wäre dann richtig, wenn die Abnahme im Zeitpunkt der Unterzeichnung des Formulars erfolgt wäre.

Wie entscheidet das Gericht?

Die Ansprüche sind nicht verjährt. In der Unterzeichnung des Formulars durch den Auftraggeber sieht das Gericht keine Abnahme. Da das Protokoll eine erhebliche Anzahl gerügte Mängel enthalte, sei die Erklärung des Bauherrn so zu verstehen, dass dieser den Termin zur Abnahme eben erst habe vereinbaren wollen, sobald die Mangelbeseitigung erfolgt sei. Da die Mangelbeseitigungsmaßnahmen nicht abgenommen wurden und der Auftragnehmer den Auftraggeber auch nicht zur Abnahme der Mangelbeseitigungsleistungen aufgefordert hatte, war nicht von einer Abnahme nicht auszugehen.

Exkurs: Abnahme und Verjährung von Architektenleistungen

Ein Architekt ist mit der Vollarchitektur (Leistungsphasen 1–9 gemäß § 33 HOAI) beauftragt. Wann beginnt die Verjährungsfrist für Mängelansprüche des AG zu laufen?

Die Verjährungsfrist beginnt grundsätzlich erst mit der Beendigung der Leistungsphase 9 (Objektbetreuung und Dokumentation) zu laufen! Dadurch kann es zu einer Gewährleistungsfrist - berechnet ab der VOB/B-Abnahme – von über 10 Jahren kommen. Der Architekt kann dies durch Vereinbarung einer **Teilabnahme** seiner Leistung nach Abschluss der Leistungsphase 8 gemäß § 33 HOAI (Objektüberwachung) abwenden.

3.2.7 Beweislastumkehr bezüglich Mängel

Die Abnahme stellte eine wichtige Zäsur für die Durchsetzung von Mängelansprüchen dar. Bis zur Abnahme muss der Auftragnehmer beweisen, dass sein Werk mangelfrei ist. Nach der Abnahme muss der Auftraggeber beweisen, dass ein Mangel des Werks vorliegt. Eine Ausnahme gilt für Mängel, die bei der Abnahme vorbehalten werden. Nach der Rechtsprechung bleibt es hier bei der Beweislast des Auftragnehmers wie vor der Abnahme.

Fallbeispiel

Der Professor (nach OLG Koblenz IBR 2008, 510)

Ein Professor für Architektur und Bauingenieurwesen, der auch als Sachverständiger tätig ist, lässt ein architektonisch anspruchsvolles Wohn- und Bürohaus errichten. Die Fenster- und Fassadenarbeiten vergibt er mündlich an einen Fensterbauer. Ob und welche Pläne dem Fensterbauer zur Verfügung standen, ist umstritten. Die Detailfragen klären die Parteien erst im Zuge der Bauausführung mündlich vor Ort.

Eine Abnahme findet nicht statt, nur eine „technische Abnahme". Im Protokoll hält der hierfür beauftragte Architekt fest, dass er wegen fehlender Ausführungsunterlagen und anschließender Folgearbeiten nicht sicher angeben kann, ob Abweichungen zwischen Auftrag und Bauausführung vorliegen.

Der Fensterbauer verlangt restlichen Werklohn. Der Professor rechnet mit Kosten der Mängelbeseitigung auf. Zu Recht?

Ohne Abnahme muss der Auftragnehmer die Mängelfreiheit seiner Arbeiten beweisen.

Im vorliegenden Fall erkennt das Gericht aber zugunsten des Auftragnehmers. Wer ein anspruchsvolles Bauwerk ohne Leistungsbeschreibung und ohne detaillierte Pläne ausführen lässt und Details erst auf Nachfrage vor Ort festlegt, provoziert Baumängel. Zudem habe der Auftraggeber Nachfolgegewerke und Nachbesserungsarbeiten durch Dritthandwerker ausführen lassen, die die Arbeiten des Fensterbauers veränderten und verdeckten. Dadurch hatte der Auftragnehmer später - im Streit - keine Möglichkeit, die Mängelfreiheit seiner Arbeiten zu beweisen. Das Gericht ging vorliegend davon aus, der Auftraggeber habe es bewusst darauf angelegt, den Auftragnehmer in eine aussichtslose Beweislage zu bringen. Als Professor für Architektur und Bauingenieurwesen – der auch Bauvertragswesen lehrt – habe er ein Bauvorhaben besonders sorgfältig zu planen und seine Anordnungen und den Baufortschritt nachvollziehbar zu dokumentieren. Deshalb erkennt das Gericht die Aufrechnung mit den Kosten der Mangelbeseitigung nicht an.

3.2.8 Rechtsverluste bei fehlendem Vorbehalt

Eine Zäsur stellt die Abnahme noch für weitere Rechte des Auftraggebers dar. Wenn der Auftraggeber Mängelrechte oder Ansprüche auf Vertragsstrafe bei Abnahme nicht geltend macht oder sich diese Rechte jedenfalls vorbehält, verliert er diese Rechte. Besondere Aufmerksamkeit ist dann geboten, wenn die Abnahme konkludent erfolgt oder fingiert wird.

3.2.8.1 Vertragsstrafe

Behält sich der Auftraggeber eine Vertragsstrafe bei der Abnahme nicht vor, so verliert er den Anspruch auf die Vertragsstrafe, § 341 Abs. 3 BGB.

Dies ist auch in den VOB/B geregelt:

§ 11 VOB/B. Vertragsstrafe

Abs. 1 Wenn Vertragsstrafen vereinbart sind, gelten die §§ 339 bis 345 BGB.

...

Abs. 4 Hat der Auftraggeber die Leistung abgenommen, so kann er die Strafe nur verlangen, wenn er dies bei der Abnahme vorbehalten hat.

Es kann jedoch vertraglich vereinbart werden, dass der Auftraggeber berechtigt ist, sich die Vertragsstrafe bis zur Schlusszahlung vorzubehalten.

Zu beachten ist das Wort „wenn“ im Abs. 1 des § 11 VOB/B. Allein die Vereinbarung der VOB/B stellt noch keine Vereinbarung einer vertragshaften Regelung dar – Entsprechendes muss **zusätzlich** festgelegt werden.

3.2.8.2 Mängelrechte

Wenn ein Auftraggeber ein mangelhaftes Werk abnimmt, obwohl er die Mängel kennt, kann er später Mängelrechte nur geltend machen, wenn er sich diese Rechte bei der Abnahme vorbehält (§ 640 Abs. 2 BGB).

Dies gilt für Nacherfüllung, Aufwendungsersatz, Rücktritt und Minderung, nicht aber für den Schadensersatzanspruch nach § 634 Nr. 4 BGB.

Kenntnis bedeutet, dass der Auftraggeber positiv wissen muss, dass bestimmte Mängel vorliegen. Dies kann im Einzelfall zu verneinen sein, wenn der Auftraggeber zwar den Mangel kennt, dessen Bedeutung und Auswirkungen aber nicht übersieht.

3.2.8.3 Form des Vorbehalts

Der Vorbehalt ist nicht formbedürftig. Der Auftraggeber muss auch den Begriff „Vorbehalt" nicht verwenden. Etwas anderes gilt im VOB/B-Vertrag, wenn eine förmliche Abnahme vereinbart ist. Der Vorbehalt ist dann nach § 12 Abs. 4 Nr. 1 Satz 3 VOB/B in das Abnahmeprotokoll aufzunehmen.

Wenn der Auftragnehmer behauptet, das Werk sei vorbehaltlos abgenommen, muss er dies darlegen und beweisen. Dagegen trägt der Auftraggeber die Beweislast dafür, dass er den Vorbehalt erklärt hat, wenn er Kenntnis von den Mängeln hatte.

3.2.8.4 Zeitpunkt

Der Vorbehalt ist bei der Abnahme zu erklären, nicht zuvor und nicht danach. Allerdings kann sich der Auftraggeber auf einen bereits früher erklärten Vorbehalt beziehen und diesen aufrecht erhalten.

Eine Ausnahme vom Grundsatz „bei Abnahme" hat das OLG Düsseldorf in einem Fall angenommen, in dem der Auftraggeber zwei Tage vor der (mündlichen, nicht förmlichen) Abnahme schriftlich seinen Anspruch auf Vertragsstrafe beziffert und erklärt hatte, er bestehe auf der rechtlichen Klärung des Vertragsstrafenanspruchs. Der Auftragnehmer konnte hier nicht davon ausgehen, dass der Auftraggeber auf die Vertragsstrafe verzichte (OLG Düsseldorf BauR 2001, 112). Bei Vereinbarung einer förmlichen Abnahme mit Protokoll nach VOB/B wäre die Entscheidung aber wohl anders ausgefallen.

Problematisch sind dabei die Fälle der konkludenten und vor allem die der fingierten Abnahme.

Im BGB-Vertrag ist der Auftraggeber besser gestellt. Bei der fingierten Abnahme nach § 640 Abs. 1 Satz 3 BGB bleiben ihm die Mängelrechte erhalten, auch wenn er keinen Vorbehalt erklärt. Dies gilt nicht für die Vertragsstrafe.

Dagegen kann im VOB/B-Vertrag auch bei einer fingierten Abnahme ein Rechtsverlust eintreten, wenn kein Vorbehalt erklärt wird. Die Abnahme wird nach § 12 Abs. 5 VOB/B wie folgt fingiert:

1. Wird keine Abnahme verlangt, so gilt die Leistung als abgenommen mit Ablauf von 12 Werktagen nach schriftlicher Mitteilung über die Fertigstellung der Leistung.
2. Wird keine Abnahme verlangt und hat der Auftraggeber die Leistung oder einen Teil der Leistung in Benutzung genommen, so gilt die Abnahme nach Ablauf von 6 Werktagen

nach Beginn der Benutzung als erfolgt, wenn nichts anderes vereinbart ist. Die Benutzung von Teilen einer baulichen Anlage zur Weiterführung der Arbeiten gilt nicht als Abnahme.

Der Auftraggeber muss in diesen Fällen seine Vorbehalte wegen bekannter Mängel oder wegen Vertragsstrafen spätestens bei Ablauf der bezeichneten Fristen geltend machen.

Fallbeispiel

3

Die Niedertemperaturheizung (nach OLG Düsseldorf IBR 2004, 5):
Der Auftraggeber, eine Bauherrengemeinschaft, beauftragt einen Heizungsbauer mit der Errichtung einer sparsamen „Niedertemperaturheizung". Der Heizungsbauer weicht massiv von den Vorgaben des Vertrages ab und schickt dem Auftraggeber geänderte Planungsunterlagen zu. Diese bleiben unwidersprochen. Der Heizungsbauer baut die Heizungsanlage gemäß den geänderten Plänen. Die Anlage funktioniert, genügt aber nicht den Anforderungen an eine Niedertemperaturheizung. Eine förmliche Abnahme erfolgt nicht, obwohl der Heizungsbauer hierzu auffordert. Der AG prüft die Schlussrechnung und teilt dem Heizungsbauer das Prüfergebnis mit, ohne wegen der Veränderungen der Heizungsanlage einen Vorbehalt zu erklären. Anschließend verlangt der AG Minderung mit der Begründung, die Heizungsanlage sei wegen ihres Mehrverbrauchs mangelhaft. Zu Recht?

1. Ein Mangel liegt vor. Die Anlage entspricht – obgleich technisch funktionsfähig – nicht den vertraglichen Vorgaben.
2. In der Mitteilung des Rechnungsprüfungsergebnisses liegt aber eine stillschweigende Abnahme.

Der Bauherr hat deshalb keinen Erfolg. Er hätte sich die Mängelrechte spätestens dann vorbehalten müssen, als er dem Auftragnehmer das Prüfergebnis der Schlussrechnung mitteilte. Da dies unterblieben ist, kann er weder Nacherfüllung noch Minderung verlangen.

RECHTSFOLGEN DER ABNAHME

- ⇒ **_Erfüllung_**
- ⇒ **_Fälligkeit der Vergütung_**
- ⇒ **_Verzinsung des Werklohns_**
- ⇒ **_Gefahrübergang_**
- ⇒ **_Entfallen der Schutzpflicht_**
- ⇒ **_Beginn der Verjährung_**
- ⇒ **_Umkehr der Beweislast_**
- ⇒ **_Rechtsverluste bei fehlendem Vorbehalt: Mängelansprüche und Vertragsstrafe_**

3.3 Anspruch auf Abnahme

Da es sich bei der Abnahme um eine Hauptpflicht des Auftraggebers handelt, kann der Auftragnehmer diese – gegebenenfalls auch gerichtlich – erzwingen. Der Anspruch besteht nur, wenn das Werk abnahmereif ist. Abnahmereif ist das Werk, wenn es vertragsgemäß hergestellt ist. Die vertragsgemäße Herstellung des Werks setzt zunächst dessen Vollendung voraus.

3.3.1 Vollendung des Werkes

Das Werk ist vollendet, wenn es bestimmungsgemäß nutzbar ist, also funktioniert. Unwesentliche Restleistungen dürfen noch ausstehen. In den nachfolgenden Fällen hat die Rechtsprechung die Abnahmereife jeweils mangels Vollendung verneint:

- bei einem Wohnhaus fehlen Sockelputz und Eingangspodest (OLG Dresden IBR 2001, 359)
- bei einer technischer Anlage fehlt die zum Betrieb erforderliche Dokumentation (BGH NJW-RR 1993, 1461)
- ein schlüsselfertig zu errichtendes Haus ist nicht uneingeschränkt bezugsfertig und dauerhaft benutzungsfähig (BGH, Urteil vom 27.05.1974 – VII ZR 151 / 72)

3.3.2 Mangelfreiheit des Werkes

Das Werk muss mangelfrei sein. Der Auftragnehmer hat dem Auftraggeber das Werk frei von Sach- und Rechtsmängeln zu verschaffen.

Unwesentliche Mängel sind für die Abnahmereife unbeachtlich (§ 640 Abs. 1 Satz 2 BGB). Wegen wesentlicher Mängel kann die Abnahme bis zur Beseitigung verweigert werden (§ 12 Abs. 3 VOB/B).

Ein Mangel ist unwesentlich, wenn es dem AG zumutbar ist, die Leistung als im Wesentlichen vertragsgemäße Erfüllung anzunehmen. Maßgeblich sind Art und Umfang des Mangels und vor allem seine konkreten Auswirkungen nach den Umständen des Einzelfalls unter Abwägung der beiderseitigen Interessen. Dabei gelten unter anderem folgende Bewertungskriterien:

- Höhe der Mängelbeseitigungskosten
- Schwierigkeit und Umfang der Mängelbeseitigungsarbeiten
- Grad der Funktionsbeeinträchtigung der Leistung
- Unfallträchtigkeit
- Umfang und Gewicht der optischen Beeinträchtigung.

Als wesentliche Mängel hat die Rechtsprechung zum Beispiel folgende Mängel bewertet:

- Estrichhöhe abweichend vom Vertrag (OLG Karlsruhe BauR 1995, 246)
- 16 % der Fliesen mit unzulässigen Farbabweichungen (LG Amberg BauR 1982, 498)
- Verarbeitung einer anderen Holzart mit geringerer Widerstandsfähigkeit gegen Witterungseinflüsse als vereinbart (BGH NJW 1962, 1569)

- Risse in der Attika mit Auswirkung auf Standsicherheit (BGH BauR 1992, 627)
- Unterschreitung der vertraglich vereinbarten Mindestschalldämmwerte nach DIN 4109 um 3 dB (OLG Düsseldorf IBR 2004, 571)
- Kosten für die Beseitigung zahlreicher kleinerer Baumängel von insgesamt über 10 % des Gesamtwerklohns (OLG Hamburg BauR 2003, 1590).

Als unwesentliche Mängel hat die Rechtsprechung folgende Mängel bewertet:

- offene Fugenstellen in der Fassade, wenn keine Feuchtigkeitsschäden zu erwarten sind (BGH BauR 1981, 284)
- kleine Unebenheiten im Treppenpodest (KG BauR 1984, 529)
- ohne größeren Aufwand behebbare Montagefehler bei der Brandschutzbekleidung der Stützen im DG (BGH IBR 2002, 177)
- Schönheitsfehler bei Steinmetzarbeiten an Türschwellen (OLG Hamm BauR 2003, 1403)
- Mängelbeseitigungskosten in Höhe von DM 3.000 bei einem Auftragsvolumen von DM 9,5 Mio. (OLG Dresden IBR 2001, 417)
- Mängelbeseitigungskosten in Höhe von EUR 570 bei einem Auftragsvolumen von EUR 58.000 (OLG Köln IBR 2007, 1211).

Fallbeispiel

Das Geländer (nach OLG Hamm BauR 2005, 731)

Der Auftragnehmer erhält einen Auftrag zur Errichtung eines Wohn- und Geschäftshauses einschließlich Außenanlagen über rund EUR 1,5 Mio. EUR. Unter anderem waren eine Parkfläche sowie die Gehwege im Bereich zwischen Parkplätzen und Gebäude herzustellen. Der Höhenunterschied zwischen dem Parkplatz und Gehweg betrug 79 cm. Es fehlt im Zeitpunkt der Abnahme jedoch ein Geländer als Absturzsicherung zwischen Parkplatz und Weg. Die Errichtung eines Geländers kostet ca. EUR 2.000,-. Der Auftraggeber verweigert wegen des fehlenden Geländers die Abnahme. Zu Recht?

Der Auftragnehmer hat keinen Anspruch auf Abnahme, wenn ein wesentlicher Mangel vorliegt.

Das Verhältnis der Mangelbeseitigungskosten (2.000 EUR) zu den Gesamtherstellungskosten (1,5 Mio. EUR) spricht für einen nur unwesentlichen Mangel. Es ist aber stets eine Gesamtabwägung der beiderseitigen Interessen vorzunehmen, bei der verschiedene Kriterien berücksichtigt werden müssen. Bei sicherheitsrelevanten Mängeln, aus denen sich ein erhebliches Gefahrenpotenzial ergibt, kann das Interesse des Auftraggebers an der ordnungsgemäßen Herstellung auch bei geringen Kosten einen wesentlichen Mangel darstellen.

Der Auftragnehmer muss darlegen und beweisen, dass die vom Auftraggeber der Abnahme entgegen gehaltenen Mängel unwesentlich im Sinne des § 640 Abs. 1 S. 2 BGB sind (OLG München IBR 2009, 78).

3.3.3 Der Zeitpunkt der Abnahme

Der Anspruch des Auftragnehmers auf Abnahme besteht, sobald er die vertragliche Leistung erbracht hat.

Im BGB-Vertrag muss der Auftraggeber das Werk unverzüglich abnehmen, wenn es der Auftragnehmer verlangt. Das BGB kennt keine Abnahmefrist.

Im VOB/B-Vertrag muss die Abnahme binnen 12 Werktagen nach dem Abnahmeverlangen des Auftragnehmers erfolgen – wenn keine andere Frist vereinbart wurde (§ 12 Abs. 1 VOB/B).

3.3.3.1 Gläubigerverzug (Annahmeverzug)

Versäumt der Auftraggeber die Abnahme, nachdem ihn der Schuldner dazu aufgefordert hat, kommt er in Verzug. Dies gilt auch dann, wenn der Auftraggeber **ohne sein Verschulden** daran gehindert war, das Werk abzunehmen. Infolge des Annahmeverzuges

- geht die Vergütungsgefahr auf den Auftraggeber über (§ 644 Abs. 1 S. 2 BGB);
- trägt der Auftragnehmer die Leistungsgefahr nur noch bei Vorsatz und grober Fahrlässigkeit (§ 300 Abs. 1 BGB);
- hat der Auftragnehmer Anspruch auf Ersatz von Mehraufwendungen (§ 304 BGB), z. B. die Kosten für eine Anreise zum Abnahmetermin, den der Besteller nicht wahrnimmt oder Mehrkosten für den Schutz der Bauleistungen vor Beschädigung und Diebstahl.

Der Annahmeverzug hat nicht zur Folge, dass der Vergütungsanspruch fällig wird. Dies setzt immer die Abnahme und die Abrechnung voraus.

3.3.3.2 Schuldnerverzug

Da es sich bei der Abnahme um eine Hauptpflicht des Auftraggebers handelt, kann dieser aber auch in Schuldnerverzug geraten, wenn er das Werk nicht abnimmt. Im Unterschied zum Gläubigerverzug (Annahmeverzug) setzt der Schuldnerverzug zusätzlich ein Verschulden des Auftraggebers voraus, da die Abnahme eine Hauptpflicht des Bestellers darstellt. Wenn der Auftraggeber also an der Abnahme nach Ablauf der durch den Auftragnehmer nach § 640 Abs. 1 S. 3 BGB oder § 12 Abs. 1 VOB/B gesetzten Frist gehindert wird, ohne dass er dies zu vertreten hat, tritt kein Verzug ein.

Infolge des Schuldnerverzugs kann der Auftragnehmer den Ersatz des ihm durch die Verzögerung entstandenen Schadens fordern. Dies können zum Beispiel weitere Kosten für den Schutz der Leistung oder auch Kosten der Einholung eines Gutachtens zur Abnahmereife sein.

Fallbeispiel

Die Solaranlage (nach LG Kiel, IBR 2010, 16)

Der Auftraggeber lässt eine Solaranlage und eine Ölheizung errichten. Nach Fertigstellung nimmt der Auftraggeber anlässlich des vereinbarten Abnahmetermins – im Winter – nur die Ölheizung, nicht jedoch die Solaranlage ab. Der Auftraggeber begründet dies damit, dass er erst noch prüfen müsse, ob die Anlage funktionstüchtig sei. Dies könne nur bei entsprechender Witterung geschehen, bei der die Solaranlage Warmwasser von mindestens 40 °C hergebe. Der Auftragnehmer meint, dass die Abnahme zu erklären sei, da keine Beanstandungen vorliegen. Es sei nicht erforderlich, im Rahmen einer Abnahme festzustellen, ob eine bestimmte Wassertemperatur bei Betrieb der Solaranlage erreicht wird, da auch Mängelhaftungsansprüche bestehen. Wer hat Recht?

Das Gericht entscheidet im Sinne des Auftragnehmers. Die Abnahmeverweigerung sei unberechtigt, da die Leistung fertig gestellt und Fehler nicht ersichtlich waren. Unerheblich sei es, dass aufgrund von Witterungsverhältnissen die Anlage nicht überprüft werden könnte. Die Abnahme hänge nicht von den jeweiligen Witterungsverhältnissen ab, sondern entscheidend ist, dass die Arbeiten fertig gestellt sind. Ein abweichender Abnahmetermin hätte gesondert vertraglich vereinbart werden müssen.

3.3.4 Rechtsfolgen der Abnahmeverweigerung

3.3.4.1 Berechtigte Abnahmeverweigerung

Wenn der Auftragnehmer keinen Anspruch auf Erteilung der Abnahme hat, treten auch bei Verweigerung der Abnahme die entsprechenden Rechtsfolgen nicht ein. Der Werklohnanspruch wird nicht fällig.

3.3.4.2 Unberechtigte Abnahmeverweigerung

Das BGB fingiert in § 640 Abs. 1 Satz 3 BGB die Abnahme, wenn der Auftraggeber das Werk nicht innerhalb einer ihm vom Auftragnehmer bestimmten, angemessenen Frist abnimmt, obwohl er dazu verpflichtet ist. Das Werk gilt dann mit Fristablauf als abgenommen.

§ 640 Abs. 1 S. 3 BGB gilt auch im VOB/B-Vertrag. Dies wird leicht übersehen, da es auch in der VOB/B zwei Regelungen zur fiktiven Abnahme gibt. Eine fiktive Abnahme nach § 12 Abs. 5 VOB/B scheidet aber aus, wenn der Auftraggeber die Abnahme verweigert bzw. diese von Auftragnehmerseite überhaupt gefordert war (Wortlaut: „Wird keine Abnahme verlangt …“).

Ohne Abnahme wird die Vergütung des Auftragnehmers nicht fällig. Der Auftragnehmer könnte deshalb den Auftraggeber auf Erteilung der Abnahme verklagen. Verweigert der Auftraggeber die Abnahme grundlos und endgültig, kann der Auftragnehmer auch ohne Abnahme sofort auf Zahlung seiner Vergütung klagen. Hierbei reicht ein Zahlungsantrag aus, da mit ihm zugleich auch die Abnahme verlangt wird.

Wenn der Auftraggeber die Abnahme ernsthaft und endgültig verweigert, können die Abnahmewirkungen schon im Zeitpunkt der Verweigerung eintreten, vorausgesetzt, der Ablauf der Frist nach § 640 Abs. 1 Satz 3 BGB ist als überflüssige Förmlichkeit zu werten.

3.4 Abnahme nach Kündigung

Auch nach der Kündigung hat ein Auftragnehmer Anspruch auf Abnahme seiner Leistungen – vorausgesetzt, diese sind abnahmefähig. Gemäß § 8 Abs. 6 VOB/B kann der Auftragnehmer vom Auftraggeber bei dessen Kündigung Aufmaß und Abnahme der von ihm ausgeführten Leistungen alsbald nach der Kündigung verlangen.

Der BGH hat klargestellt, dass auch nach Kündigung ein Vergütungsanspruch des Auftragnehmers nur mit Abnahme der bis dahin erbrachten Werkleistungen fällig wird (BauR 2006, 1294). Hiervon gibt es Ausnahmen:

Dies gilt dann nicht, wenn sich der gültige Vertrag in ein reines Abrechnungsverhältnis umgewandelt hat. Dies ist dann der Fall, wenn eine Erfüllung nicht mehr verlangt wird, weil die gerügten Mängel beseitigt sind (OLG München IBR 2007, 543).

Der Auftraggeber kann sich auch dann nicht auf die fehlende Abnahme berufen, wenn er die Teilleistungen des Auftragnehmers durch einen Nachfolgeunternehmer fertig stellen lässt, ohne eine Abgrenzung zu den Teilleistungen des Auftragnehmers vorzunehmen (OLG Celle IBR 2007, 604).

3.5 Teilabnahme

3.5.1 Voraussetzungen

Wenn im BGB-Vertrag eine Teilabnahme beabsichtigt ist, muss dies vertraglich vereinbart werden.

§ 641 BGB. Fälligkeit der Vergütung

(1) Die Vergütung ist bei der Abnahme des Werkes zu entrichten. Ist das Werk in Teilen abzunehmen und die Vergütung für die einzelnen Teile bestimmt, so ist die Vergütung für jeden Teil bei dessen Abnahme zu entrichten. (...)

Architekten sollten in einem Vollarchitekturvertrag darauf achten, eine Teilabnahme nach Ende der Leistungsphase 8 zu vereinbaren, damit für diesen Leistungsteil die Gewährleistung beginnt.

Bei Vereinbarung der VOB/B können dagegen Teilabnahmen auch auf Verlangen nur einer Partei stattfinden.

§ 12 Abs. 2 VOB/B

Auf Verlangen sind in sich abgeschlossene Teile der Leistung besonders abzunehmen.

Unter „in sich abgeschlossenen Teilleistungen“ versteht man Leistungen, die selbstständig und von den übrigen Teilleistungen unabhängig sind und deren funktionelle Gebrauchsfähigkeit abschließend beurteilt werden kann. Der Begriff wird eng ausgelegt. So können zum Beispiel Sanitärarbeiten in sich abgeschlossen sein, wenn der Auftragnehmer daneben noch Heizungsarbeiten auszuführen hat. Dagegen sind einzelne Stockwerke eines Rohbaus nicht in sich abgeschlossen, da die Abnahme ihrem Sinn und Zweck nach nur hinsichtlich des gesamten Rohbaus durchgeführt werden kann.

3.5.2 Wirkungen

Die Teilabnahme löst sämtliche Abnahmewirkungen für die abgenommene Teilleistung aus. So wird unter anderem der Werklohn für abgenommene Teilleistung fällig, die Verjährungsfrist für Mängelansprüche betreffend diese Teilleistung beginnt zu laufen. Auch für die Teilleistung muss der Auftraggeber ggf. Vorbehalte wegen Mängeln und Vertragsstrafen erklären.

3.6 Die Abnahme von Sonder- und Gemeinschaftseigentum in der WEG

Das Werkvertragsrecht des BGB und das Wohnungseigentumsrecht stehen in einem besonderen Spannungsverhältnis. Häufig ist es so, dass ein Bauträger die Wohnungen in einem von ihm neu errichteten oder sanierten Gebäude nicht auf ein Mal veräußern kann.

Die neuen Eigentümer erwerben Sondereigentum an der Wohnung und einen Anteil am Gemeinschaftseigentum – das regelmäßig aus Teilen des Gebäudes außerhalb der Wohnung besteht. Gemeinschaftseigentum sind zum Beispiel Dächer, Fassaden, Treppenhäuser, Keller, Außenanlagen und Ähnliches.

Auf die Erwerbsverträge findet regelmäßig das Werkvertragsrecht Anwendung. Folglich ist eine Abnahme erforderlich, wobei zwischen der Abnahme des Sondereigentums an der Wohnung und der Abnahme des Gemeinschaftseigentums zu unterscheiden ist. Grundsätzlich nimmt jeder Eigentümer das Gemeinschaftseigentum gesondert ab. In der Praxis wird häufig versucht, eine Abnahme des Gemeinschaftseigentums durch einen von der Wohnungseigentümergemeinschaft bevollmächtigten oder einen neutralen Dritten zu erreichen. Viele dieser Klauseln in den Verträgen über den Erwerb der Wohnungen sind jedoch unwirksam. Dies kann dazu führen, dass einzelnen Eigentümern auch noch Jahre nach Ablauf der ursprünglichen Fünfjahresfrist Mängelansprüche gegen den Bauträger zustehen.

Fallbeispiel

Der Bauträgervertrag (nach OLG München, IMR 2009, 1033, online):
Der Bauträgervertrag enthält eine vom Bauträger vorformulierte Klausel folgenden Inhalts: „Die Abnahme des gemeinten Eigentums erfolgt für die einzelnen Käufer durch einen vereidigten Sachverständigen, den der Verkäufer auf seine Kosten beauftragt". Die Erwerber beziehen ihre Wohnung Ende 2001. Im Januar 2002 erstellt ein Sachverständiger ein Abnahmeprotokoll und erklärt die rechtsgeschäftliche Abnahme des Gemeinschaftseigentums. Im Mai 2007 treten gravierende Mängel der Dachterrassenabdichtung zutage. Die Erwerber fordern Mängelbeseitigung. Der Bauträger beruft sich auf Verjährung.

Das Gericht ergibt den Erwerbern Recht. Die Abnahmeklausel sei unwirksam, weil sie die Erwerber unangemessen benachteilige. Ein vom Bauträger selbst ausgesuchter und bezahlter Sachverständiger sei keine neutrale Person, die als Treuhänder aufseiten der Erwerber stehe. Deshalb sei bisher keine Abnahme erfolgt. Auch eine konkludente Abnahme scheide aus, da die Erwerber nicht das Bewusstsein haben konnten, durch Ingebrauchnahme (neben dem Sachverständigen nochmals) die Abnahme zu erklären. Mangels Abnahme begann die Verjährungsfrist nicht zu laufen, weshalb die Erwerber noch erfolgreich Mangelbeseitigung geltend machen konnten.

3.7 AGB zur Abnahme

3.7.1 Allgemeine Geschäftsbedingungen

Allgemeine Geschäftsbedingungen (abgekürzt AGB) sind alle für eine Vielzahl von Verträgen vorformulierten Vertragsbedingungen, die eine Vertragspartei (der Verwender) der anderen Vertragspartei bei Abschluss eines Vertrages stellt. Verwender im Bauvertrag wird bei größeren Projekten meist der Auftraggeber sein. In Verträgen mit Verbrauchern kann dies auch umgekehrt sein. AGB unterliegen einer besonderen Inhaltskontrolle nach den §§ 305 ff. BGB. Die Regelungen werden daraufhin überprüft, ob sie vom gesetzlichen Leitbild abweichen und den anderen Vertragspartner unangemessen benachteiligen.

3.7.2 Die VOB/B als AGB

Die frühere Rechtsprechung ging davon aus, dass die VOB/B einen auf die Besonderheiten des Bauvertragsrechts abgestimmten, im Ganzen einigermaßen ausgewogenen Ausgleich der beiderseitigen Interessen enthält. Bei Vereinbarung der VOB/B als Ganzes waren die Bestimmungen der VOB/B keiner Inhaltskontrolle nach den §§ 305 ff. BGB zu unterziehen (sog. Privilegierung). Jede vertragliche Abweichung von der VOB/B führt jedoch dazu, dass diese nicht als Ganzes vereinbart ist und damit ihre Privilegierung entfällt. Nach neuerer Rechtsprechung gilt diese Privilegierung nicht, wenn die VOB/B gegenüber Verbrauchern verwendet wird. Als Folge unterliegen ihre einzelnen Klauseln auch dann einer Inhaltskontrolle, wenn sie als Ganzes vereinbart ist (BGH, Urteil vom 24.07.2008 - VII ZR 55/07). Dem hat der Gesetzgeber seit dem 1. Januar 2009 mit der Neufassung des § 310 Abs. 1 S. 3 BGB Rechnung getragen.

3.7.3 Die Abnahmebestimmungen der VOB/B

Wenn die Abnahmebestimmungen der VOB/B einer isolierten Inhaltskontrolle nach den §§ 307–309 BGB unterzogen werden, ergibt sich Folgendes:

- § 12 Abs. 2 VOB/B (Teilabnahme ist möglich):
  Bei Verwendung durch den Auftraggeber bestehen keine Bedenken. Aber auch bei Verwendung durch den Auftragnehmer bleibt die Klausel wirksam, da sie die gesetzliche Regelung des § 641 Abs. 1 S. 2 nur BGB ausgestaltet.
- § 12 Abs. 3 VOB/B (Abnahmeverweigerung wegen wesentlicher Mängel):
  Die Verwendung durch den Auftragnehmer ist unproblematisch. Aber auch der Auftraggeber kann diese Klausel wirksam vorgeben, da sie dem gesetzlichen Leitbild in § 640 Abs. 1 S. 2 BGB entspricht.
- § 12 Abs. 5 VOB/B (Abnahmefiktionen):
  Wenn der Auftragnehmer die Klausel vorgibt, kann sie unwirksam sein.

3.7.4 Weitere Klauseln zur Abnahme

3.7.4.1 Klauseln des Auftraggebers

Grundsätzlich problematisch sind Klauseln, die den Abnahmezeitpunkt hinausschieben oder unbestimmt verlegen. Nachfolgend einige Beispiele solcher Klauseln, die als AGB unwirksam sein können.

- „Die Leistungen des AN bedürfen einer förmlichen Abnahme durch den AG, die im Zeitpunkt der Übergabe des Hauses – bei Eigentumswohnungen bei Übergabe des Gemeinschaftseigentums – an den bzw. die Kunden des AG erfolgt."
- „Muss der AG das Werk einem Dritten übergeben, kann er die Abnahme zurückstellen bis zur Abnahme durch den Dritten."
- „Die Abnahme der Werkleistung des AN erfolgt erst bei oder durch die Abnahme des Gesamtobjektes durch die Erwerber."
- „Die Abnahme erfolgt erst nach Fertigstellung des gesamten inneren Ausbaus."
- „Die Abnahme erfolgt erst zum Zeitpunkt der behördlichen Gesamtabnahme des Bauvorhabens."
- „Voraussetzungen für die Abnahme sind, dass der Auftragnehmer sämtliche hierfür erforderlichen Unterlagen, wie z. B. Revisions- und Bestandspläne, behördliche Bescheinigungen usw., dem Auftraggeber übergeben hat."
- „Die Abnahme erfolgt nur dann, wenn die Abnahme auch von der vorgesetzten Dienststelle erklärt wird."

- „Die Abnahme der Arbeiten erfolgt erst nach vollständiger Fertigstellung der zu leistenden Arbeiten zu einem von der Bauleitung festzusetzenden Termin."
- „Die Wirkungen der Abnahme treten vor einer ausdrücklichen Bestätigung durch den Auftraggeber nicht ein, unabhängig davon, wie lange dieser das hergestellte Werk bereits in Gebrauch genommen hat."
- „Auch unwesentliche Mängel berechtigen den AG, die Abnahme zu verweigern."

Das Erfordernis des Vertragsstrafenvorbehalts kann in AGB nicht vollständig abbedungen werden. Versucht wird zu vereinbaren, dass der Vorbehalt auch noch mit der Schlusszahlung erklärt werden kann (BGH IBR 2000, 428) – auch dies muss unzulässig sein – da es dann im „Gutdünken" des AG liegen würde, wann er bezahlt und damit, wann er abnimmt.

Die Abnahmefiktion nach § 640 Abs. 1 S. 3 BGB kann nicht zulasten des Auftragnehmers abbedungen werden, da es sich um einen Leitgedanken des Werkvertragsrechts handelt.

Eine vollständige Abbedingung des § 640 Abs. 1 S. 2 BGB (keine Abnahmeverweigerung wegen unwesentlicher Mängel) ist in AGB unwirksam.

3.7.4.2 *Klauseln des Auftragnehmers*

Dem Auftragnehmer ist daran gelegen, den Eintritt der Abnahmewirkungen möglichst zu erleichtern. Dabei sind die nachfolgenden Klauseln nicht haltbar:

- „Der AG hat das Bauwerk auch bei Vorhandensein erheblicher Mängel bei Einzug abzunehmen. Andernfalls sind Mängelbeseitigungsansprüche ausgeschlossen."
- „Hat der Käufer das Vertragsobjekt vor Abnahme in Besitz genommen, so gilt es von diesem Tag an als mangelfrei abgenommen" (AGB eines Bauträgers).
- „Der AN kann vor endgültiger Fertigstellung Teilabnahmen verlangen."

3.8 Übungsfall zu Kapitel 3

Sachverhalt

Der Bauträger B lässt ein Mehrfamilienhaus mit Außenanlage und Tiefgarage durch den Generalunternehmer G errichten. Es wird die VOB/B und eine Vertragsstrafe für die nicht rechtzeitige Fertigstellung – Frist 30. Juni 2010 – vereinbart. Die Gewerke Solaranlage und Heizung werden durch den Nachunternehmer N ausgeführt. Die Parkettarbeiten in den Wohnungen führt der Parkettleger P aus. Auch in den Verträgen mit den Nachunternehmern gilt die VOB/B mit der Ergänzung, dass die Abnahme frühestens nach Abnahme des Sondereigentums durch die Eigentümer erfolgt. Der Eigentümer E erwirbt von B eine Wohnung im 2. OG und das Sondernutzungsrecht an einem Tiefgaragenstellplatz. Der Vertrag sieht vor, dass das Vertragsobjekt mit der Erstellung des Abnahmeprotokolls, spätestens mit Einzug in die Wohnung als abgenommen gilt.

3

Am 31. Juli 2010 stellt N die Solaranlage fertig. Die Heizung ist am 31. Juli zwar ebenfalls eingebaut, lässt sich aber wegen eines defekten Reglers in der Wohnung nicht bedienen. Das Parkett ist seit 1. Juli 2010 fertig. In der ansonsten fertigen Tiefgarage fehlen die Stellplatz- und Fahrbahnmarkierungen. Der Putz an der Fassade blättert wegen unzureichender Grundierung teilweise ab.

P teilt G am 2. Juli 2010 mit, dass er seine Leistung fertiggestellt hat. N verlangt am 1. August 2010 von G die Abnahme. G reagiert auf beide Schreiben nicht.

G und B führen am 15. August nach Begehung der gesamten Anlage eine förmliche Abnahme durch. B weist G dabei mündlich daraufhin, dass er die „Vertragsstrafe ziehen werde". In das gefertigte Protokoll werden als Mangel nur der Heizungsregler und die Markierung in der Tiefgarage aufgenommen. Gleichzeitig nimmt ein durch B beauftragter Sachverständiger das Gemeinschaftseigentum für die WEG vorbehaltlos ab.

B übergibt E die Wohnung am 31. August. E beanstandet im angefertigten Protokoll den Defekt der Heizung. E erklärt, die Wohnung deshalb nicht abzunehmen, zieht aber dennoch ein.

N und P sowie G fordern von ihrem jeweiligen Auftraggeber nach entsprechender Schlussrechnung nun die Vergütung. G verweigert die Zahlung unter Verweis auf fehlende Abnahme und Mängel, B die Zahlung des (Rest-)Kaufpreises an E.

Wie ist die Rechtslage?

Das Vertragsverhältnis P–G

Kann P Zahlung verlangen? Welche Rechte hat G?

Die Schlussrechnung wird frühestens mit Abnahme fällig. Eine Abnahme hat nicht stattgefunden. Es hat auch keine der Parteien eine Abnahme verlangt. P hat G aber die Fertigstellung der Leistungen schriftlich mitgeteilt, sodass die Leistung gemäß § 12 Abs. 5 Nr. 1 VOB/B nach 12 Werktagen als abgenommen gilt.

Etwas anderes ergibt sich auch nicht aus der Klausel, wonach die Abnahme „frühestens bei Abnahme durch die Sondereigentümer" erfolgt. Diese Klausel ist unwirksam, da sie den Auftragnehmer unangemessen benachteiligt. Denn auf diesen Zeitpunkt hat der Auftragnehmer keinerlei Einfluss. G muss deshalb die Schlussrechnung bezahlen.

Das Vertragsverhältnis N–G

Muss G an N zahlen?

Die Schlussrechnung wird frühestens mit Abnahme fällig. Eine Abnahme hat nicht stattgefunden. Allerdings hat N die Abnahme verlangt. Die Klausel zur Abnahme erst nach Abnahme durch die Sondereigentümer ist unwirksam (s. o.). Allerdings ist die Leistung nicht mangelfrei. Der Heizungsregler funktioniert nicht. Dies kann – auch im Sommer – einen wesentlichen Mangel darstellen. Es greift deshalb § 12 Abs. 3 VOB/B. G kann die Abnahme bis zur Beseitigung des Mangels verweigern. Solange wird die Schlussrechnung nicht fällig.

P könnte seinen Zahlungsanspruch hier aber auf § 641 Abs. 2 Nr. 2 BGB stützen. Denn B hat bereits am 15. August gegenüber G die Abnahme erklärt, die auch die Leistung von N umfasst. Damit wird die Vergütung von N trotz der noch ausstehenden Abnahme ebenfalls fällig. Allerdings kann G dem Zahlungsanspruch des N ein Zurückbehaltungsrecht entgegenhalten, bis die Mängel an der Leistung von N beseitigt sind. Die Höhe beträgt nach § 641 Abs. 3 BGB das Doppelte der für die Beseitigung aufzuwendenden Kosten („Druckzuschlag").

N könnte nach § 12 Abs. 2 VOB/B auch die Teilabnahme der Solaranlage fordern, da es sich dabei um einen in sich abgeschlossenen Teil der Leistung handelt. Infolge der Teilabnahme würde auch der auf die Teilleistung entfallende Anteil der Vergütung fällig.

Das Vertragsverhältnis G–B

Welche Rechte verbleiben B? Muss G die Mängel beseitigen und die Vertragsstrafe bezahlen?

Eine förmliche Abnahme hat stattgefunden. Gemäß § 12 Abs. 4 Nr. 1 Satz 4 VOB/B hätten Vorbehalte wegen bekannter Mängel und wegen Vertragsstrafen in die Niederschrift aufgenommen werden müssen. Der mündliche Hinweis reicht nicht. B kann deshalb keine Vertragsstrafe fordern.

Die Mängelrechte wegen des schadhaften Putzes können nach § 640 Abs. 2 BGB, der auch im VOB/B-Vertrag gilt, verloren bzw. eingeschränkt sein. Wenn B den Mangel positiv kannte und ihm Bedeutung und Umfang des Mangels klar waren, kann er nur noch Schadensersatz geltend machen, wenn G es ablehnt, den Mangel zu beseitigen. Dabei muss B das Vorliegen des Mangels beweisen.

Das Vertragsverhältnis B–E

Welche Rechte hat E? Muss er den Kaufpreis bezahlen?

Dies setzt die Abnahme voraus:

Die Klausel, wonach die Leistung spätestens mit Einzug als abgenommen gilt, ist unwirksam, da sie von einem Grundgedanken des Werkvertragsrechts abweicht und den Erwerber unangemessen benachteiligt.

Eine ausdrückliche Abnahme hat nicht stattgefunden. Allerdings ist E eingezogen.

Es liegt aber gleichwohl keine konkludente Abnahme durch Ingebrauchnahme vor, da E ausdrücklich Mängel gerügt hat. Wegen der Mängel war E auch nicht verpflichtet, das Werk abzunehmen, sodass auch die Fiktion nach § 640 Abs. 1 Satz 3 BGB nicht greift.

Stehen dem E Rechte wegen der Mängel des Gemeinschaftseigentums zu (Tiefgarage, Putz)?

Die Abnahme des Gemeinschaftseigentums durch einen vom Bauträger beauftragten Sachverständigen ist regelmäßig unwirksam, da jedem Erwerber das Recht verbleiben muss, auch das Gemeinschaftseigentum abzunehmen. E stehen auch hier noch Mängelrechte zu.

Wann beginnt die Verjährung der Ansprüche des E?

Solange nicht feststeht, dass eine Abnahme erfolgt ist, beginnt die Verjährungsfrist nicht zu laufen. Dieser Zustand kann auch – trotz Benutzung – mehrere Jahre anhalten.

Ergänzung 1

Der N zerstört beim Austausch des defekten Reglers der Heizung am 15. September 2010 das Parkett um die Heizung herum.

Muss P das Parkett erneuern?

> Nein. Die Gefahr ist gemäß § 12 Abs. 6 VOB/B nach Ablauf der Frist aus der Fertigstellungsmitteilung auf G übergegangen.

Muss G das Parkett ersetzen?

> Ja. Der Schaden ist bei Beseitigung einer von G veranlassten Beseitigung eines von G zu vertretenden Mangels entstanden. B kann deshalb Beseitigung bzw. Schadensersatz fordern. G kann sich dazu an N halten.

Was kann E tun?

> E kann von B und von N Schadensersatz fordern.

Abwandlung 1

Das Abnahmeprotokoll wird nicht von B, sondern von Architekt A unterzeichnet, der mit G verschiedene Besprechungen zur Gestaltung des Objekts geführt hat. Liegt eine förmliche Abnahme vor?

> Nein. Nur bei ausdrücklicher Bevollmächtigung kann ein Architekt für den Bauherrn die Abnahme erklären. Die Teilnahme an einigen Besprechungen rechtfertigt noch nicht den Anschein, dass der Architekt bevollmächtigt ist, für den Bauherrn rechtsgeschäftliche Erklärungen abzugeben.

Abwandlung 2

Der Austausch des defekten Heizungsreglers dauert ca. 10 min, der neue Regler kostet ca. 75,00 EUR. Ändert sich die Beurteilung?

Dies wäre dann der Fall, wenn deshalb kein wesentlicher Mangel vorliegen würde. Dies ist hier anhand der Kriterien Höhe der Mängelbeseitigungskosten, Schwierigkeit und Umfang der Mängelbeseitigungsarbeiten und Grad der Funktionsbeeinträchtigung der Leistung zu entscheiden. Somit eine Frage des Einzelfalls. Die Entscheidung kann im Verhältnis N–G anders ausfallen als im Verhältnis G–B oder B–E, da die Gesamtvergütung variiert und die Funktionsfähigkeit von unterschiedlicher Bedeutung ist. So wird man im Verhältnis N zu G eher von einem wesentlichen Mangel ausgehen, da das Gewerk Heizung bei Nicht-Funktionieren eines Reglers erheblich beeinträchtigt ist. Dagegen erscheint der Mangel bei Berücksichtigung des gesamten Bauvorhabens im Verhältnis G zu B eher geringfügig.

4 Abrechnung und Zahlung

EINGANGSFRAGEN

Gibt es im Bauvertragsrecht eine „übliche Vergütung"?

Warum spricht man im Regelfall von einer Vorleistungspflicht der Auftragnehmerseite?

Welche Bedeutung hat das Recht auf Abschlagszahlungen, sowohl im BGB-Werkvertrag als auch im VOB/B-Vertrag?

Welche Bedeutung hat die Schlussrechnung im Bauvertrag bzw. deren Prüfbarkeit?

Welche Bedeutung hat der Begriff des Aufmaßes?

Welche Regelungen gibt es im Zusammenhang mit einer Schlusszahlung?

Welche Rechtsfragen stellen sich im Zusammenhang mit einem Zahlungsverzug der Auftragnehmerseite?

Wann verjähren Zahlungsansprüche im Bauvertragsrecht?

Die Hauptpflicht des Auftraggebers im Werkvertrag ist die Zahlung der Vergütung als Gegenleistung für die Herstellung des Werks durch den Auftragnehmer. Die Durchführung eines Bauvertrags kann aber in der Umsetzung wesentlich komplexer als zum Beispiel ein Kaufvertrag sein. Dies hat auch Einfluss auf die Zahlungspflichten. Regelmäßig erfordert die Durchführung eines Bauvertrags vom Auftragnehmer einen erheblichen Personal- und Materialeinsatz über einen längeren Zeitraum. Nach dem vom BGB vorgesehenen Grundprinzip kann der Auftragnehmer seinen Werklohn aber erst bei der Abnahme des Werkes verlangen. Erst dann ist die Vergütung fällig. Um das darin liegende Vorleistungsrisiko des Auftragnehmers zu verringern, können unter bestimmten Voraussetzungen Abschlagszahlungen gefordert werden. Abschlagszahlungen setzen - im Unterschied zu Vorauszahlungen - einen bestimmten Leistungsstand voraus.

Die VOB/B sieht - in Ergänzung zu den gesetzlichen „Grundregeln" des BGB - sehr detaillierte Regelungen für die Abrechnung und Bezahlung von Bauleistungen vor. So muss der Auftragnehmer in seiner Schlussrechnung die erbrachten Leistungen nachvollziehbar darlegen und diese Schlussrechnung auch binnen einer bestimmten Frist vorlegen. Für den Auftraggeber gelten wiederum spezielle Zahlungsfristen, wobei die VOB/B in diesem Punkt einer Inhaltskontrolle nach AGB-Recht nicht immer standhält. Dies bedeutet für den Auftraggeber, dass er unter Umständen auch schon vor Ablauf der in der VOB/B aufgeführten Fristen zur Zahlung verpflichtet sein kann.

Kommt der Auftraggeber mit der Zahlung in Verzug, kann der Auftragnehmer die Fortsetzung der Arbeiten verweigern und unter den Voraussetzungen des § 9 Abs. 1 Nr. 2 VOB/B den Vertrag sogar kündigen. Der Auftraggeber kann den Zahlungsansprüchen unter bestimmten Voraussetzungen Mängelansprüche entgegenhalten. In beiden Fällen ist in der Praxis sehr sorgfältig zu prüfen, ob tatsächlich Zahlungsverzug vorliegt oder auf Mängeln basierende Zurückbehaltungsrechte in einer bestimmten Höhe bestehen. Eine irrtümlich ausgesprochene Kündigung oder die mit einer berechtigten vorübergehenden Einstellung der Bauarbeiten verbundene Verzögerung der Fertigstellung können für beide Parteien erhebliche finanzielle Folgen haben.

4.1 Grundlagen

4.1.1 Vermutung einer üblichen Vergütung

Der Werkvertrag des BGB weist gegenüber anderen Vertragstypen – wie etwa einem Kauf- oder Mietvertrag – eine Besonderheit auf:

Auch wenn die Parteien keine Vergütung vereinbart haben, gilt sie als stillschweigend vereinbart, wenn die Herstellung des Werkes den Umständen nach nur gegen eine Vergütung zu erwarten ist (§ 632 Abs. 1 BGB).

Auch die Höhe der Vergütung bestimmt das Gesetz, wenn die Parteien dies nicht regeln.

§ 632 Abs. 2 BGB

(2) Ist die Höhe der Vergütung nicht bestimmt, so ist bei dem Bestehen einer Taxe die taxmäßige Vergütung, in Ermangelung einer Taxe die übliche Vergütung als vereinbart anzusehen.

4.1.2 Vorleistungspflicht

Bei der Abrechnung und Bezahlung von Werkleistungen tritt ein Grundprinzip des Werkvertrages zutage: die Vorleistungspflicht des Auftragnehmers.

§ 641 Abs. 1 BGB

Die Vergütung ist bei der Abnahme des Werkes zu entrichten ...

Diese Vorleistungspflicht führt dazu, dass der Auftragnehmer die von ihm zu erbringenden Bauleistungen vorfinanzieren müsste. Da dies wirtschaftlich häufig nicht möglich ist, hat der Gesetzgeber Regelungen zu Abschlagszahlungen eingeführt:

§ 632a Abs. 1 BGB. Abschlagszahlungen

Der Unternehmer kann von dem Besteller für eine vertragsgemäß erbrachte Leistung eine Abschlagszahlung in der Höhe verlangen, in der der Besteller durch die Leistung einen Wertzuwachs erlangt hat. (...)

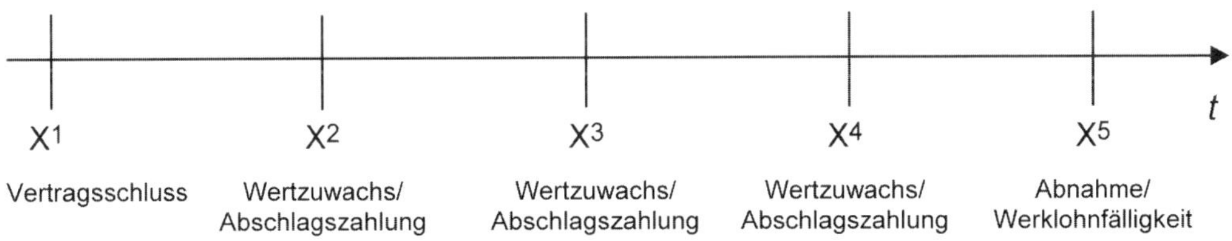

Bild 4-1 Zeitschiene zu Ansprüchen auf Abschlagszahlungen

Bei den Begriffen ist zwischen Vorauszahlungen, Abschlagszahlungen und Schlusszahlungen zu unterscheiden, da sich jeweils unterschiedliche Rechtsfolgen ergeben.

4.2 Abschlagszahlungen

Die Abschlagszahlungen „mildern" die Vorleistungspflicht des Auftragnehmers. Der Anspruch auf Abschlagszahlungen ist auf „Anzahlungen" in Bezug auf den Vergütungsanspruch für das Gesamtwerk gerichtet. Abschlagszahlungen sind dadurch gekennzeichnet, dass sie nur vorläufig sind bis zur Feststellung einer endgültigen Vergütung des Auftragnehmers nach Erstellung der Schlussrechnung. Wer Abschlagszahlungen vereinbart, verpflichtet sich gleichzeitig, diese Zahlungen in das Gesamtzahlenwerk einzubeziehen.

4.2.1 Abschlagszahlungen im BGB-Vertrag

Die Regelung in § 632a BGB ist unzureichend und birgt zahlreiche praktische Probleme. Es empfiehlt sich deshalb, Abschlagszahlungen gesondert zu regeln.

4.2.1.1 Höhe

Schwierigkeiten bereitet zunächst die Bemessung des Wertzuwachses, den der Auftraggeber erhalten hat. Die Bewertung hat sich trotz des Wortlauts nicht daran zu orientieren, ob das Vermögen des Auftraggebers vermehrt wurde. Maßgeblich ist, ob der Leistung ein Vergütungsanteil gegenübersteht. Voraussetzung ist aber, dass die Teilleistung dem Auftraggeber auch zugewandt wurde, also zum Beispiel eingebaut ist (siehe aber unten 4.2.1.4).

4.2.1.2 Einwendungen

Der Auftraggeber darf wegen unwesentlicher Mängel die Zahlung von Abschlägen nicht verweigern. Ihm steht aber das Recht zu, einen Einbehalt in Höhe der doppelten Mangelbeseitigungskosten vorzunehmen. Dies entspricht der Regelung bei der Abnahme. Bei wesentlichen Mängeln soll der Auftraggeber Abschlagszahlungen ganz verweigern dürfen. Dies wird damit begründet, dass der Auftraggeber bei wesentlichen Mängeln auch die Abnahme verweigern darf. Problematisch kann in der Praxis die Unterscheidung zwischen einem Mangel und einer noch nicht fertig gestellten (Teil-)Leistung sein.

4.2.1.3 Abschlagsrechnung

Wenn der Auftragnehmer Abschläge geltend macht, muss er dem Auftraggeber eine Aufstellung präsentieren, die eine rasche und sichere Beurteilung der Leistungen ermöglicht. Problematisch kann dies bei Pauschalverträgen sein, wenn die abzurechnenden Leistungen im Vertrag nicht bewertet sind. Ohne die Aufstellung ist der Anspruch nicht durchsetzbar.

Fallbeispiel

Der Parkettleger
Ein Parkettleger soll aufgrund eines VOB/B-Vertrages 1.500 qm Parkett verlegen. Es ist ein Pauschalpreis von 75.000 € vereinbart. Nach Verlegung von ca. 500 qm möchte der Parkettleger eine Abschlagszahlung von 25.000 € anfordern.
Was muss er vorlegen?

Damit der Auftraggeber prüfen kann, ob der Abschlag im Verhältnis zum Pauschalpreis dem erreichten Leistungsstand entspricht, muss der Abschlagsforderung ein Aufmaß oder eine Mengenberechnung beigefügt werden.

4.2.1.4 Baustoffe und Bauteile

Solange der Auftragnehmer angelieferte Baustoffe und/oder Bauteile nicht einbaut, kann er keine Abschläge geltend machen. Etwas anderes gilt nur dann, wenn der Auftragnehmer dem Auftraggeber die Baustoffe übereignet, sodass der Auftraggeber Eigentümer wird, oder Sicherheit leistet. Die Übertragung von Eigentum wird in der Praxis häufig daran scheitern, dass der Auftragnehmer selbst noch gar nicht Eigentümer der Baustoffe ist, weil diese bis zur Bezahlung Eigentum seines Lieferanten bleiben. Deshalb ist es für den Auftraggeber besser, hier eine Sicherung zum Beispiel durch Bürgschaft zu wählen.

4.2.1.5 Verbraucherschutz

Das BGB schützt den Verbraucher bei Abschlagsforderungen des Auftragnehmers in zweierlei Hinsicht:

- Im Bauträgervertrag sind Abschlagszahlungen nur geschuldet, wenn sie den Vorgaben der Makler- und Bauträgerverordnung entsprechen (MaBV). Dies ergibt sich aus § 632a Abs. 2 BGB.
- Wenn der Auftraggeber Verbraucher ist und Werkleistung die Errichtung oder der Umbau eines Hauses oder eines vergleichbaren Bauwerks ist, muss der Auftragnehmer dem Auftraggeber bei der ersten Abschlagszahlung eine Sicherheit leisten. Die Sicherheit sichert die rechtzeitige Herstellung des Werks ohne wesentliche Mängel. Sie beträgt zunächst 5 Prozent, kann sich aber erhöhen, wenn das Auftragsvolumen um mehr als 10 Prozent steigt. Der Anspruch auf Sicherheitsleistung besteht, sobald der Auftragnehmer eine Abschlagszahlung fordert. Es ist möglich, diese Vorschrift des § 632a Abs. 3 BGB durch Individualvereinbarung abzuändern.

4

4.2.1.6 Abweichende Vereinbarung

Die Parteien können eine von § 632a BGB abweichende Regelung – auch in AGB – treffen. Dies ist sogar zu empfehlen, um Schwierigkeiten bei der Leistungsabgrenzung zu vermeiden. Allerdings muss jede Änderung in AGB das gesetzliche Leitbild beachten. Die Zahlungsverpflichtung des Auftraggebers muss sich stets am Wert der erbrachten Leistung orientieren. Deshalb kann eine Klausel unwirksam sein, wonach der Auftragnehmer nur 90 % der nach § 632a BGB geschuldeten Vergütung erhält.

Fallbeispiel

Der Generalplaner (nach BGH IBR 2006, 212)

Der Bauherr beauftragt einen Architekten als Generalplanerin für ein Gebäude mit Architektenleistungen aus den Leistungsphasen 1–9 des § 15 HOAI a. F. Für die Leistungsphasen 5–8 begehrt der Architekt das volle anteilige Honorar, obwohl nach den vom Bauherrn gestellten AGB Abschlagszahlungen nur „in Höhe von 95 v. H.“ gewährt werden sollten und eine Teilschlussrechnung nach Leistungsphase 8 nicht vorgesehen war.

Ist die Klausel wirksam?

Der BGH erachtet die Klausel wegen AN-Benachteiligung für unwirksam. Eine § 632a vergleichbare Regelung findet sich in § 15 Abs. 2 HOAI. Wenn Vollarchitektur beauftragt wird, würde der Architekt den einbehaltenen Betrag erst nach Abschluss der Leistungsphase 9 bekommen, also nach Ablauf der Gewährleistungsfristen der Werkunternehmer. Für diesen Zeitraum würde der Auftragnehmer zum Beispiel das Insolvenzrisiko des Auftraggebers tragen.

4.2.2 Abschlagszahlungen im VOB/B-Vertrag

Die VOB/B präzisiert, wann Abschläge zu zahlen sind:

Nach § 16 Abs. 1 Nr. 1 VOB/B sind Abschlagszahlungen auf Antrag in möglichst kurzen Zeitabständen oder zu den vereinbarten Zeitpunkten zu gewähren, und zwar in Höhe des Wertes der jeweils nachgewiesenen vertragsgemäßen Leistungen.

Die Leistungen sind durch eine prüfbare Aufstellung nachzuweisen, die eine rasche und sichere Beurteilung der Leistungen ermöglichen muss.

Die VOB/B regelt zudem die Fälligkeit von Abschlagszahlungen. Diese werden binnen 18 Werktagen nach Zugang der Aufstellung fällig.

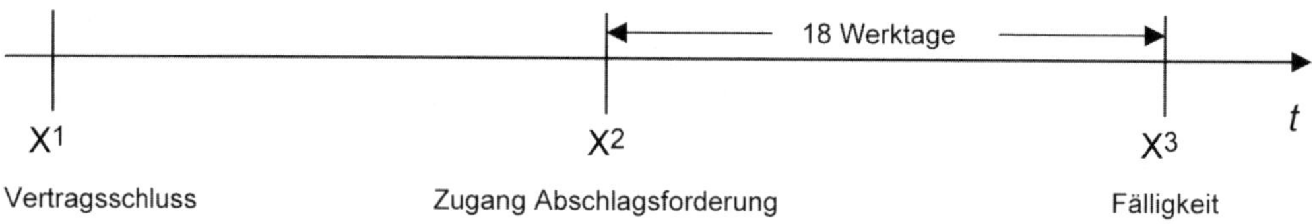

Bild 4-2 Zeitschiene zur Fälligkeit von Abschlagszahlungen

Auch von § 16 Abs. 1 VOB/B kann vertraglich abgewichen werden. Allerdings darf eine AGB-Regelung den Vertragspartner nicht unangemessen benachteiligen.

Fallbeispiel

Die Bahn-AGB (nach LG Frankfurt am Main vom 03.12.2007 – 3/1 O 104/07)

Die AGB der Bahn AG enthalten folgende Klausel:

„Insbesondere ist zu beachten, dass keine Rechnung vor Vorlage des durch die DB Projekt Verkehrsbau GmbH zu erstellenden Bestellscheins eingereicht werden darf, eine Rechnung stets die Vertragsnummer der DB Projekt Verkehrsbau GmbH und die Bestellnummer SAP lt. Bestellschein im Bezug aufweisen muss, (…)".

Kann ein Auftragnehmer auch ohne Bestellschein Abschläge geltend machen?

Ja, die Klausel ist unwirksam. Sie benachteiligt den Auftragnehmer unangemessen, da der Auftraggeber die Gewährung von Abschlägen beliebig verzögern kann, indem er den Bestellschein nicht erstellt. Die Fälligkeit wird von unternehmensinternen, organisatorischen Maßgaben der DB AG abhängig gemacht, auf die der Auftragnehmer keinen Einfluss hat.

4.2.3 Frist zur Geltendmachung von Abschlagszahlungen

Das Recht des Auftragnehmers, Abschlagsforderungen zu fordern, kann erlöschen. Dies ist dann der Fall, wenn

- die Abnahme erfolgt ist,
- die Leistung des Auftragnehmers fertig gestellt ist und
- die Frist abgelaufen ist, binnen derer der Auftragnehmer gemäß § 14 Abs. 3 VOB/B die Schlussrechnung einzureichen hat.

Dies muss der Auftragnehmer im Prozess beachten und bei Eintritt der Voraussetzungen im laufenden Verfahren die Klage umstellen (BGH IBR 2009, 636). Auch wenn die Leistung abgenommen und eine Schlussrechnung gestellt ist, kann der Auftragnehmer keine Abschläge mehr geltend machen.

4.2.4 Vorauszahlungen

In der VOB/B sind zudem Vorauszahlungen geregelt. Im Unterschied zu Abschlagszahlungen steht Vorauszahlungen keine Leistung des Auftragnehmers gegenüber. Die Zahlung erfolgt „im Voraus".

Der Auftraggeber sollte für Vorauszahlungen – was dringend anzuraten ist – Sicherheit verlangen. Wenn nichts anderes vereinbart wird, sind die Vorauszahlungen zu verzinsen und auf die nächstfälligen Zahlungen anzurechnen.

4.3 Die Schlussrechnung

4.3.1 BGB-Vertrag

Im BGB-Vertrag ist zwischen der Schlussrechnung und der Fälligkeit der (Schluss-)Vergütung zu unterscheiden. Die Vergütung wird mit Abnahme fällig. Die Fälligkeit tritt ein, auch wenn der Auftragnehmer keine Rechnung schreibt. Aber: Zur Durchsetzung der Forderung muss der Anspruch schlüssig dargelegt werden, sodass der Auftraggeber die Berechtigung der Forderung überprüfen kann. Dabei können dieselben Anforderungen wie in § 14 VOB/B gelten.

§ 14 Abs. 1 VOB/B

Der Auftragnehmer hat seine Leistungen prüfbar abzurechnen. Er hat die Rechnungen übersichtlich aufzustellen und dabei die Reihenfolge der Posten einzuhalten und die in den Vertragsbestandteilen enthaltenen Bezeichnungen zu verwenden. Die zum

Nachweis von Art und Umfang der Leistung erforderlichen Mengenberechnungen, Zeichnungen und andere Belege sind beizufügen. Änderungen und Ergänzungen des Vertrags sind in der Rechnung besonders kenntlich zu machen; sie sind auf Verlangen getrennt abzurechnen.

Für den BGB-Vertrag kann dies als Orientierung dienen. Die Pflicht zur Rechnungslegung kann auch nur eine Nebenpflicht darstellen. Es kommt immer auf den Einzelfall an. Je komplexer das Bauvorhaben, desto detaillierter kann auch die Rechnung sein.

Wenn die Rechnung so unzureichend ist, dass der Auftraggeber nicht beurteilen kann, was er zu zahlen hat, kommt er trotz Fälligkeit nicht in Verzug. In diesen Fällen hat er die versäumte Zahlung nicht zu vertreten.

4.3.2 VOB/B-Vertrag

4.3.2.1 Grundlagen

Im VOB/B-Vertrag führt die Abnahme der Leistung noch nicht zur Fälligkeit der Vergütung. Auch der Zugang der Schlussrechnung reicht noch nicht. Vielmehr kommt dem Auftraggeber nach Zugang einer prüffähigen Rechnung noch eine Prüffrist von bis zu zwei Monaten zugute, bevor der Anspruch fällig wird.

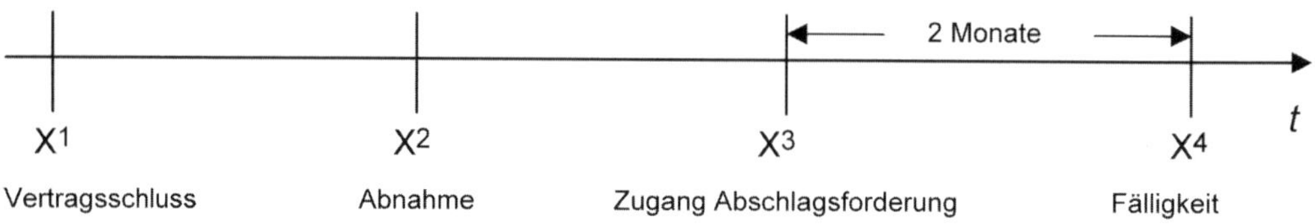

Bild 4-3 Zeitschiene zur Fälligkeit der Vergütung

4.3.2.2 Prüfbarkeit der Schlussrechnung

Wesentliche Voraussetzung der Fälligkeit ist die Prüfbarkeit der Schlussrechnung.

Wann ist eine Schlussrechnung prüfbar?

Hierzu gilt § 14 VOB/B (s. o.). Die Rechnung muss

- übersichtlich, klar und verständlich sein;
- sich an Inhalt und Aufbau des Vertrages orientieren (Reihenfolge und Bezeichnung der Positionen);
- Art und Umfang der Leistung durch Aufmaß nachweisen (EP-Vertrag)
- Nachträge ohne Weiteres ersichtlich machen.

Der Maßstab der Prüfbarkeit ist das Kontroll- und Informationsinteresse des AG, die Prüfbarkeit ist kein Selbstzweck.

Beispiel Vereinbarung gemäß LV:

Pos.	Vordersatz	Beschreibung	EP	Pos.-Preis
450	100 m^2	Pflaster aus Betonpflastersteinen mit gefassten Kanten und Abstandsnocken, einschl. aller Passstücke	16,50 €	1.650,00 €
455	100 m^2	wie vor, jedoch mit Granitvorsatz	28,90 €	nEP

Der Auftragnehmer sollte wie folgt abrechnen:

Pos.	Vordersatz	Beschreibung	EP	Pos.-Preis
450	104,68 m^2	Pflaster aus Betonpflastersteinen mit gefassten Kanten und Abstandsnocken, einschl. aller Passstücke	16,50 €	1.727,22 €
455	26,72 m^2	wie vor, jedoch mit Granitvorsatz	28,90 €	772,21 €
N 1	psch	Herstellung von Aussparungen (Nachtragsvereinbarung Nr. 1 vom 27./30.06.2009)	1.200,00 €	1.200,00 €
			Summe:	3.699,43 €

4

Gemäß § 14 Abs. 2 VOB/B sind ggf. auch technische Abrechnungsbestimmungen oder Ähnliches zu berücksichtigen. So gibt es bspw. bei Abdichtungsarbeiten eine besondere Regelung, die über die VOB/C vertraglich vereinbart ist:

ATV DIN 18336 Abdichtungsarbeiten

5 Abrechnung

Ergänzend zur ATV DIN 18299, Abschnitt 5, gilt:

5.1 Der Ermittlung der Leistung – gleichgültig ob sie nach Zeichnungen oder nach Aufmaß erfolgt – sind zugrunde zu legen:

Bei Abdichtungen auf Flächen, die von Bauteilen begrenzt sind, die Fläche bis zu den begrenzenden, ungeputzten bzw. unbekleideten Bauteilen,

bei Abdichtungen auf Flächen ohne begrenzende Bauteile die Maße der Abdichtung, (...)

5.2 ...

5.3 Es werden übermessen:

*Bei der Ermittlung des Flächenmaßes Aussparungen, z. B. Öffnungen, Durchdringungen, bis zu einer Einzelgröße von 2,5 m², *

bei der Ermittlung des Längenmaßes Unterbrechungen bis zu einer Einzellänge von 1 m,

Fugen.

Ähnliche Abrechnungs- und Übermessungsbestimmungen enthalten die Allgemeinen Technischen Vertragsbedingungen der VOB/C auch für die anderen Gewerke, jeweils in Abschnitt 5.

Die Abrechnung von Stundenlohnarbeiten können die Parteien frei vereinbaren. Ansonsten gilt § 15 VOB/B.

4.3.2.3 Aufmaß

Dem Aufmaß der Leistungen kommt als Rechnungsgrundlage insbesondere für den Auftragnehmer weitreichende Bedeutung zu. In § 14 Abs. 2 VOB/B ist dies allerdings nur als Sollbestimmung formuliert:

§ 14 Abs. 2 VOB/B

Die für die Abrechnung notwendigen Feststellungen sind dem Fortgang der Leistung entsprechend möglichst gemeinsam vorzunehmen.

...

Für Leistungen, die bei Weiterführung der Arbeiten nur schwer feststellbar sind, hat der Auftragnehmer rechtzeitig gemeinsame Feststellungen zu beantragen.

Das gemeinsame Aufmaß ist für beide Parteien bindend. Weil der Auftragnehmer den Umfang der von ihm erbrachten Leistungen beweisen muss, ist dies für ihn besonders wichtig. Wegen des Kooperationsgebotes im Bauvertrag muss sich der Auftraggeber daran grundsätzlich beteiligen. Verweigert der Auftraggeber ein gemeinsames Aufmaß, und ist später eine Überprüfung oder ein neues Aufmaß nicht mehr möglich, kehrt sich die Beweislast um. Der Auftraggeber muss beweisen, dass der Auftragnehmer nicht alle Leistungen erbracht hat.

4.3.2.4 Frist

Der Auftragnehmer muss nach § 14 Abs. 3 VOB/B die Schlussrechnung binnen bestimmter Fristen einreichen. Die Frist orientiert sich an der Bauzeit und beträgt 12 Werktage nach Fertigstellung, wenn die vertragliche Ausführungsfrist bis 3 Monate betrug. Für jeden weiteren Dreimonatszeitraum verlängert sich die Frist um 6 Werktage. Wenn das Bauvorhaben zum Beispiel ein Jahr gedauert hat, beträgt die Frist 30 Werktage.

Versäumt der Auftragnehmer die Frist, kann ihm der Auftraggeber eine angemessene Nachfrist setzen, um die Schlussrechnung einzureichen. Versäumt der Auftragnehmer auch diese Frist, kann der Auftraggeber selbst die Schlussrechnung aufsetzen, wobei die dafür entstehenden Kosten der Auftragnehmer zu tragen hat, § 14 Abs. 4 VOB/B.

4.3.2.5 Einwendungen gegen die Prüfbarkeit

Der Auftraggeber muss Einwendungen, die die Prüfbarkeit der Rechnung betreffen, binnen zwei Monaten nach Zugang der Rechnung erheben. Dabei muss die Einwendung begründet werden und den Auftragnehmer in die Lage versetzen, eine prüffähige Rechnung aufzustellen. Versäumt der Auftraggeber diese, kann er sich später nicht mehr auf die fehlende Prüfbarkeit berufen. Das bedeutet aber nicht gleichzeitig, dass die Rechnung richtig und zu bezahlen ist. Rechtsfolge ist allein, dass der Anspruch aus der Rechnung fällig wird, auch wenn die Rechnung nicht prüfbar ist. Einwendungen gegen die inhaltliche Richtigkeit der Rechnung kann der Auftraggeber aber weiterhin erheben.

4.4 Die Schlusszahlung

4.4.1 Fälligkeit

Die Schlusszahlung wird spätestens zwei Monate nach Zugang der Schlussrechnung fällig, wenn nicht der Auftraggeber zuvor begründete Einwendungen gegen die Prüfbarkeit erhoben hat, denen der Auftragnehmer nicht abgeholfen hat.

4.4.2 Verzinsung

Zahlungen sind nach § 16 Abs. 5 VOB/B aufs Äußerste zu beschleunigen.

Gemäß § 16 Abs. 5 Nr. 3 VOB/B muss der Auftragnehmer dem Auftraggeber zunächst eine angemessene Nachfrist setzen, wenn dieser bei Fälligkeit der Schlussrechnung nicht zahlt. Erst nach Ablauf der Nachfrist stehen dem Auftragnehmer die Verzugszinsen nach § 288 BGB zu.

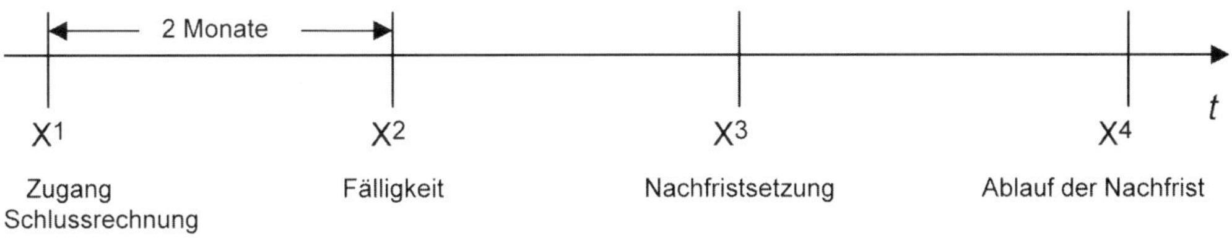

Bild 4-4 Zeitschiene Zinsanspruch

Im BGB kommt der Schuldner nach § 286 Abs. 3 BGB in Verzug, wenn er eine Rechnung nicht binnen 30 Tagen bezahlt.

§ 286 Abs. 3 BGB

Der Schuldner einer Entgeltforderung kommt spätestens in Verzug, wenn er nicht innerhalb von 30 Tagen nach Fälligkeit und Zugang einer Rechnung oder gleichwertigen Zahlungsaufstellung leistet; dies gilt gegenüber einem Schuldner, der Verbraucher ist, nur, wenn auf diese Folgen in der Rechnung oder Zahlungsaufstellung besonders hingewiesen worden ist. Wenn der Zeitpunkt des Zugangs der Rechnung oder Zahlungsaufstellung unsicher ist, kommt der Schuldner, der nicht Verbraucher ist, spätestens 30 Tage nach Fälligkeit und Empfang der Gegenleistung in Verzug.

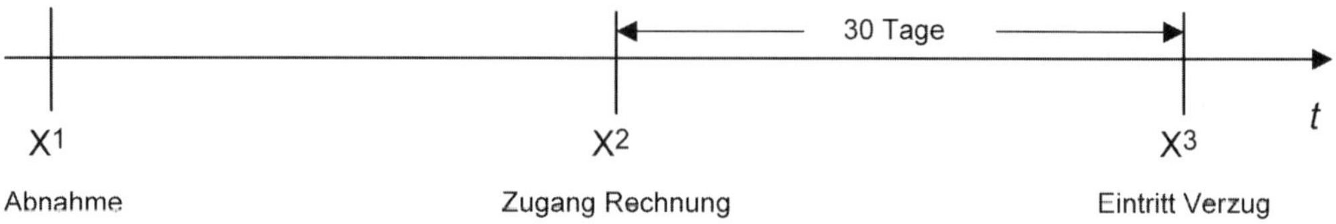

4

Bild 4-5 Zeitschiene Zinsanspruch

Wegen dieser wesentlichen Abweichung vom gesetzlichen Leitbild des BGB ist § 16 Abs. 5 Nr. 3 VOB/B unwirksam, wenn die VOB/B durch den Auftraggeber nicht als Ganzes gegenüber einem Unternehmer gestellt wird (BGH IBR 2009, 566).

4.4.3 Weitere Rechte des Auftragnehmers bei Zahlungsverzug

Viele Möglichkeiten hat der Auftragnehmer nicht. Er kann die Arbeiten bis zur Zahlung einstellen, sofern die dem Auftraggeber zuvor gesetzte angemessene Nachfrist erfolglos verstrichen ist (§ 16 Abs. 5 Nr. 5). Der Auftragnehmer kann nach § 9 Abs. 1 Nr. 2 VOB/B den Vertrag kündigen, wenn der Auftraggeber eine fällige Zahlung nicht leistet oder sonst in Schuldnerverzug gerät.

4.4.4 Die Schlusszahlungseinrede in § 16 Abs. 3 Nr. 2–6 VOB/B

Wenn der Auftragnehmer die Schlusszahlung des Auftraggebers vorbehaltlos annimmt, kann er mit Nachforderungen ausgeschlossen sein, wenn der Auftragnehmer über die Schlusszahlung schriftlich unterrichtet und auf die Ausschlusswirkung hingewiesen wurde.

Einer Schlusszahlung steht es gleich, wenn der Auftraggeber unter Hinweis auf geleistete Zahlungen weitere Zahlungen endgültig und schriftlich ablehnt.

Auch früher gestellte, aber unerledigte Forderungen werden ausgeschlossen, wenn sie nicht nochmals vorbehalten werden.

Ein Vorbehalt ist innerhalb von 24 Werktagen nach Zugang der Mitteilung über die Schlusszahlung zu erklären. Er wird hinfällig, wenn nicht innerhalb von weiteren 24 Werktagen – beginnend am Tag nach Ablauf der in Satz 1 genannten 24 Werktage – eine prüfbare Rechnung über die vorbehaltenen Forderungen eingereicht oder, wenn das nicht möglich ist, der Vorbehalt eingehend begründet wird.

Der Schlusszahlungseinrede kommt keine große praktische Bedeutung mehr zu, da die Klausel einer Inhaltskontrolle nicht standhält, wenn die VOB/B nicht als Ganzes vereinbart wird (BGH IBR 2004, 179).

4.5 Verjährung

4.5.1 Grundlagen

Die Verjährung ist in §§ 195 ff BGB geregelt. Danach beträgt die regelmäßige Verjährungsfrist drei Jahre.

Die Frist beginnt mit dem Schluss des Jahres, in dem der Anspruch entstanden ist und der Gläubiger von den den Anspruch begründenden Umständen und der Person des Schuldners Kenntnis erlangt, oder ohne grobe Fahrlässigkeit erlangen müsste.

4.5.2 BGB-Vertrag

Die Verjährungsfrist für den Vergütungsanspruch des Auftragnehmers beginnt mit dem auf die Abnahme folgenden Jahresende zu laufen, auch wenn keine Rechnung gestellt wird.

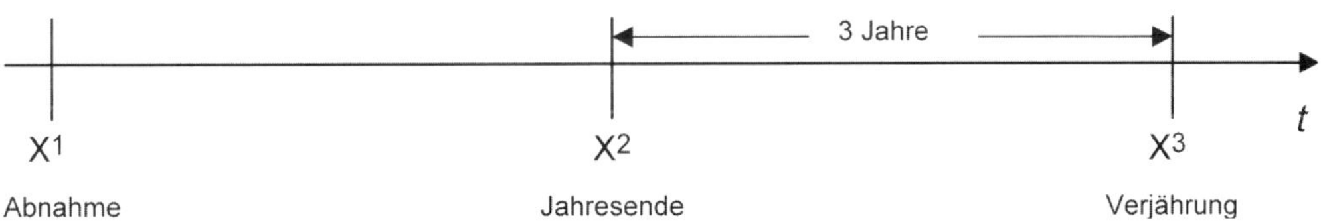

Bild 4-6 Zeitschiene Verjährung der Vergütungsforderung

4.5.3 VOB/B-Vertrag

Auch im VOB/B Vertrag verjährt der Vergütungsanspruch des Auftragnehmers nach den gesetzlichen Vorschriften. Die Frist beginnt allerdings unter Umständen später zu laufen.

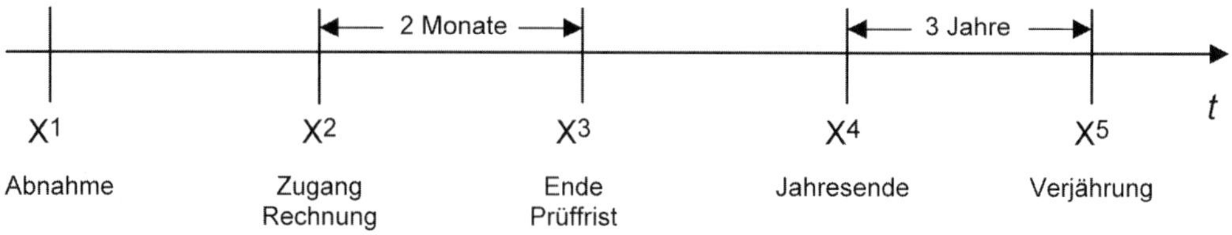

Bild 4-7 Zeitschiene Verjährung des Vergütungsanspruchs nach VOB/B

4.5.4 Hemmung

4

Die Verjährung der Vergütungsansprüche unterliegt sowohl im BGB- als auch im VOB/B-Vertrag den allgemeinen Vorschriften. Das Verjährungsrecht regelt nicht nur die Fristen und den Beginn des Fristablaufs, sondern auch, ob und welche Ereignisse den Lauf der Verjährungsfrist anhalten (hemmen) oder die Verjährungsfrist erneut in Gang setzen (Neubeginn). Der Neubeginn der Verjährung tritt nur noch bei Anerkenntnis- und Vollstreckungshandlungen ein. Ansonsten kommt es zu einer Hemmung der Verjährung. Die Uhr mit der ablaufenden Gewährleistungszeit wird für die Dauer des betreffenden Umstandes, z. B. eines Rechtsstreits, angehalten. Hier muss dann gerechnet werden.

Ein wichtiger Hemmungstatbestand sind Verhandlungen:

§ 203 BGB

Schweben zwischen dem Schuldner und dem Gläubiger Verhandlungen über den Anspruch oder die den Anspruch begründenden Umstände, so ist die Verjährung gehemmt, bis der eine oder der andere Teil die Fortsetzung der Verhandlungen verweigert. Die Verjährung tritt frühestens drei Monate nach dem Ende der Hemmung ein.

Die Verjährung wird nach § 204 BGB unter anderem auch gehemmt durch:

- die Erhebung der Klage auf Leistung oder auf Feststellung des Anspruchs,
- die Zustellung des Mahnbescheids im Mahnverfahren oder des Europäischen Zahlungsbefehls im Europäischen Mahnverfahren (...),
- die Zustellung der Streitverkündung,
- die Zustellung des Antrags auf Durchführung eines selbstständigen Beweisverfahrens.

Um dem Gläubiger genügend Gelegenheit zu geben, nach dem Ende der Hemmung weitere, ggf. erneut die Verjährung hemmende Schritte einzuleiten, endet die Hemmung in den zuletzt genannten Fällen frühestens sechs Monate nach der rechtskräftigen Entscheidung oder anderweitigen Beendigung des eingeleiteten Verfahrens.

4.6 Übungsfall zu Kapitel 4

Sachverhalt

Der Maschinenbauer M beauftragt den Fliesenleger F am 1. Juli 2011 mit dem Einbau eines neuen Fliesenbelags in seiner Produktionshalle, die ca. 1000 qm umfasst. Die Parteien vereinbaren die VOB/B und folgendes Leistungsverzeichnis:

Position	Vordersatz	Beschreibung	EP	Positionspreis
1	1000 qm	Aufnahme und Entsorgung des alten Bodenbelags	10,-	10.000.-
2	1000 qm	Estrich	5.-	5.000,-
3	1000 qm	Fliesenschicht	30.-	30.000.-

Am 5. Juli stellt F eine Abschlagsrechnung über EUR 5.000.-. Mit den Arbeiten beginnt er am 10. Juli. Am 20. Juli, nachdem er den alten Bodenbelag aufgenommen und entsorgt hat, stellt F eine weitere Abschlagsrechnung über EUR 5.000,-. Der Abschlagsrechnung waren Belege über die Entsorgung des aufgenommenen Belags beigefügt. Diese wird von M bezahlt. Am 15. August stellt der F ohne weitere Angaben weitere EUR 10.000,00 als Abschlag in Rechnung. Die Rechnung wird nicht bezahlt. Am 1. September erfolgt die mangelfreie Abnahme der Fliesenarbeiten. Das dazu vorgenommene Aufmaß ergab, dass tatsächlich 1050 qm alter Belag aufzunehmen waren, aber nur 950 qm neuer Estrich und 950 qm Fliesen aufzubringen waren. Am 25. September übergibt F dem M seine Schlussrechnung, wobei er pauschal EUR 45.000,- unter Abzug der geleisteten Abschlagszahlungen, insgesamt EUR 30.000,- abrechnet. M reagiert zunächst nicht. Am 1. Dezember mahnt F den Ausgleich der Rechnung bis zum 15. Dezember an.

Welche Ansprüche hat F?

Lösung:

I. Anspruch des F auf Zahlung von EUR 30.000,- nebst Zinsen

Der Anspruch des F kann sich aus § 631 Abs. 1 BGB i. V. m. mit § 16 Abs. 3 Nr. 1 VOB/B ergeben.

1. Die Parteien haben einen Werkvertrag geschlossen.
2. Der Auftragnehmer hat das versprochene Werk hergestellt.
3. Die Abnahme ist erfolgt.
4. Eine Schlussrechnung liegt vor.

Dem M könnten Einwendungen gegen die Schlussrechnung zustehen:

1. Die Schlussrechnung wurde nicht binnen 12 Werktagen nach Abnahme bzw. Fertigstellung vorgelegt (§ 14 Abs. 3 VOB/B).

→ Die Versäumung der Frist stellt die Fälligkeit nicht infrage. Der AG hätte aber nach fruchtlosem Verstreichen einer dem AN hierzu gesetzten Frist eine eigene Schlussrechnung auf Kosten des Auftragnehmers anfertigen können.

2. Die Schlussrechnung genügt nicht den Anforderungen des § 14 Abs. 1 VOB/B. Die Schlussrechnung orientiert sich nicht am Leistungsverzeichnis. Das Aufmaß und die einzelnen Positionen werden nicht wiedergegeben. Der AG kann deshalb die Rechnung nicht prüfen, da er nicht weiß, wie der AN den Gesamtbetrag ermittelt hat.

   → Wenn die Rechnung nicht prüfbar ist, wird der Anspruch nicht fällig.

   Aber:

   Der AG muss Einwendungen gegen die Prüfbarkeit der Schlussrechnung binnen zwei Monaten nach Zugang geltend machen (§ 16 Abs. 3 Nr. 1 Satz 2 VOB/B). Hier hat M innerhalb der Frist nicht reagiert, weshalb ihm Einwendungen gegen die Prüfbarkeit abgeschnitten sind.

3. Gleichwohl muss der AN richtig abrechnen. Die Parteien haben einen Einheitspreisvertrag, keinen Pauschalpreisvertrag geschlossen. Der Auftragnehmer kann deshalb nicht pauschal abrechnen, sondern muss die tatsächlich angefallenen, von der ursprünglichen Annahme abweichenden Mengen berücksichtigen. Die Rechnung muss deshalb folgende Angaben enthalten:

4

Position	Vordersatz	Beschreibung	EP	Menge	Positionspreis
1	1000 qm	Aufnahme und Entsorgung des alten Bodenbelags	10,-	1050 qm	10.500,-
2	1000 qm	Estrich	5.-	950 qm	4.750,-
3	1000 qm	Fliesenschicht	30.-	950 qm	28.500,-

Die Abrechnungssumme beträgt deshalb EUR 43.750,- und nicht EUR 45.000,-. In Abzug zu bringen sind die geleisteten Abschlagszahlungen.

F hat deshalb nur einen Anspruch auf Zahlung von EUR 28.750,-.

II. Abwandlung des Falls:

Die Rechnung vom 25. September 2011 entspricht den Vorgaben der VOB/B.

Stehen dem F Zinsen zu?

Ein Zinsanspruch ergibt sich zunächst aus § 641 Abs. 4 BGB. Der Zinssatz beträgt 4 %. Nach §§ 286, 288 BGB sind Geldschulden zudem während des Verzuges zu verzinsen. Der Zinssatz beträgt dabei 8 % über Basiszins, wenn an dem Rechtsgeschäft - wie hier - kein Verbraucher beteiligt ist.

Der AG muss in Verzug mit der Zahlung sein. Dieser setzt nach § 286 Abs. 1 BGB eine nach Fälligkeit erfolgte Mahnung voraus. Nach § 286 Abs. 3 BGB tritt Verzug auch 30 Tage nach Fälligkeit und Zugang einer Rechnung ein.

Aber: Die VOB/B trifft in § 16 Abs. 5 Nr. 3 und Nr. 4 eine abweichende Regelung. Der AN darf bei ausbleibender Zahlung gemäß § 16 Abs. 5 Nr. 3 VOB/B erst nach Ablauf einer angemessenen Nachfrist Zinsen fordern. Zinsen wären danach erst ab dem 16. Dezember geschuldet.

Allerdings ist die Wirksamkeit von § 16 Abs. 5 Nr. 3 fraglich. Nach der Rechtsprechung des BGH ist § 16 Abs. 5 Nr. 3 VOB/B unwirksam, wenn der AG Verwender der VOB/B ist und die VOB/B nicht als Ganzes vereinbart ist. Die Unwirksamkeit ergibt sich daraus, dass die VOB-Regelung abschließend ist und der Verzug erst nach Fälligkeit und Nachfristsetzung des AN eintritt, während der Auftraggeber nach der gesetzlichen Regelung des § 286 Abs. 3 BGB spätestens in Verzug kommt, wenn er die Rechnung nicht innerhalb von 30 Tagen nach Fälligkeit und Zugang – also auch ohne Mahnung – zahlt. Darin liegt eine wesentliche Abweichung von einem gesetzlichen Leitbild.

Für den Zinsanspruch des F kommt es also darauf an, ob die VOB/B als Ganzes ohne Abweichung vereinbart wurde. Ist dies nicht der Fall, kann der F Verzugszins ab dem 26. Oktober beanspruchen.

5 Der Baumangel

EINGANGSFRAGEN

Wie würden Sie den Mangelbegriff im Bauwerksvertrag umschreiben?

Macht es bezüglich der Mangelfrage einen Unterschied, ob ein BGB-Bauwerkvertrag oder ein sog. VOB-Vertrag vorliegt?

Wie unterscheiden sich Sachmangel und Rechtsmangel?

Wann liegt eine Beschaffenheitsvereinbarung im Bauvertragsrecht vor?

Unterscheiden Sie die Begriffe Mängel und Verschleiß!

Welche Mängelrechte gibt es im BGB-Bauvertragsrecht und welche bei Einbeziehung der VOB/B in den Vertrag?

Können Sie die Bauvertrags-Mängelrechte in ein Stufenverhältnis setzen?

Unterscheiden Sie die verschiedenen Schadensersatzanspruchsarten im Bauvertragsrecht.

Was bedeutet Gewährleistungs-Verjährung im deutschen Recht?

Wann verjähren die Mängelrechte im BGB-Bauwerksvertrag und bei Vereinbarung der VOB/B?

Inwieweit können Baubeteiligte „mitverantwortlich“ sein?

Die Mängelrechte stellen einen Kernbereich des Bauvertragsrechts dar. Zeit- und Kostendruck auf der einen und hohe qualitative Anforderungen auf der anderen Seite führen dazu, dass bei nahezu jedem Bauvorhaben irgendwann Mängel auftreten. Diese sind häufig Gegenstand streitiger Auseinandersetzungen der Vertragspartner. Bei der Beantwortung von mängelbezogenen Rechtsfragen ist zunächst gedanklich zu klären, ob sich der Bauvertrag im Stadium vor oder nach der Abnahme befindet (siehe oben Kapitel 3 zur Abnahme). Die zweite wichtige Weichenstellung ergibt sich daraus, ob die Parteien die Geltung der VOB/B vereinbart haben oder nicht; im letzteren Fall ist für Baumängel das Mängelrecht des Werkvertragsrechts (§§ 633 ff. BGB) anzuwenden.

Das folgende Kapitel befasst sich zunächst grundlegend mit der Frage, wann überhaupt ein Mangel im Sinne des BGB-Werkvertragsrechts bzw. der VOB/B vorliegt (Ziffer 5.1). Sodann werden die dem Besteller im Einzelfall zustehenden Mängelrechte nach BGB-Werkvertragsrecht (Ziffer 5.2) sowie nach der VOB/B (Ziffer 5.3) dargestellt. Dass der Auftraggeber seine Mängelansprüche zeitlich nicht unbegrenzt durchsetzen kann, ist Gegenstand des Abschnitts 5.5, welcher die Verjährung der Mängelansprüche behandelt. Schließlich befasst sich Abschnitt 5.6 mit den Rechtsfolgen bei gemeinsamer Verursachung von Mängeln durch mehrere Beteiligte, z. B. Architekt und Bauunternehmer.

5.1 Der Mangelbegriff im Werkvertrag

5.1.1 Leistungspflicht des Auftragnehmers

Bevor Mängelrechte ausgeübt werden können, muss geklärt werden, wann ein Mangel vorliegt. Der Auftragnehmer verpflichtet sich im Bauvertrag, ein bestimmtes Werk herzustellen. Diese Verpflichtung erfüllt er nur dann, wenn das Werk frei von Sach- und Rechtsmängeln ist. Die Leistungspflichten des Auftragnehmers werden im Gesetz konkretisiert.

§ 631 Abs. 1 BGB

Durch den Werkvertrag wird der Unternehmer zur Herstellung des versprochenen Werkes, der Besteller zur Entrichtung der vereinbarten Vergütung verpflichtet.

§ 633 BGB Abs. 1 BGB

Der Unternehmer hat dem Besteller das Werk frei von Sach- und Rechtsmängeln zu verschaffen.

Bei der Pflicht des Auftragnehmers, das Werk mangelfrei herzustellen, handelt es sich um eine Hauptpflicht des Auftragnehmers. Wenn das Werk nicht mangelfrei ist, hat der Auftragnehmer den Vertrag nicht erfüllt. Es kommt dabei nicht darauf an, ob es sich um einen Sachmangel oder einen Rechtsmangel handelt.

5.1.2 Sachmangelbegriff

Das Werkvertragsrecht des BGB enthält in § 633 Abs. 2 BGB eine detaillierte Definition des Sach- und Rechtsmangels. Ob ein Mangel vorliegt, ist anhand einer gestuften Prüfung festzustellen. Ausgangspunkt ist dabei zunächst die Vereinbarung der Parteien. Wenn die Parteien festgelegt haben, wie das Werk beschaffen sein soll, ist dies der Maßstab für das Vorliegen eines Mangels. Haben die Parteien keine Beschaffenheit vereinbart, stellt das Gesetz darauf ab, ob das Werk sich für den Zweck eignet, den die Parteien nach dem Vertrag vorgesehen haben. Lässt sich eine solche Zweckvereinbarung nicht feststellen, wird geprüft, ob sich das Werk allgemein eignet und die Eigenschaften aufweist, die man üblicherweise von einem solchen Werk erwartet.

§ 633 Abs. 2 BGB

Das Werk ist frei von Sachmängeln, wenn es die vereinbarte Beschaffenheit hat. Soweit die Beschaffenheit nicht vereinbart ist, ist das Werk frei von Sachmängeln,

1. wenn es sich für die nach dem Vertrag vorausgesetzte, sonst

2. für die gewöhnliche Verwendung eignet und eine Beschaffenheit aufweist, die bei Werken der gleichen Art üblich ist und die der Besteller nach der Art des Werkes erwarten kann. Einem Sachmangel steht es gleich, wenn der Unternehmer ein anderes als das bestellte Werk oder das Werk in zu geringer Menge herstellt.

Einem Sachmangel steht es gleich, wenn der Unternehmer ein anderes als das bestellte Werk oder Werk in zu geringer Menge herstellt.

5.1.2.1 1. Stufe

In der ersten Stufe wird geprüft, ob das Werk die vereinbarte Beschaffenheit aufweist, § 633 Abs. 2 S. 1 BGB. Ein Werk ist frei von Sachmängeln, wenn es die vereinbarte Beschaffenheit hat. Es kommt auf die subjektive Sicht der Parteien, nicht auf eine objektive Betrachtung an. Ein Sachmangel liegt vor, wenn dem Werk eine Eigenschaft fehlt, die es nach dem Inhalt der Vereinbarung haben soll.

Beschaffenheit: Dem Werk anhaftende Eigenschaften einschließlich der äußeren Umstände, denen das Werk zwangsläufig unterliegt; darunter fallen alle Faktoren, die sich auf die Verwendung des Werks und dessen Wert auswirken können.

Eigenschaften: Alle tatsächlichen und rechtlichen Umstände, die die Beziehung der Sache zu ihrer Umwelt betreffen, soweit sie die Brauchbarkeit oder den Wert der Sache beeinflussen, weil diese Merkmale dem Werk auf Dauer anhaften.

Jede Abweichung von der vereinbarten Beschaffenheit stellt einen Sachmangel dar. Dies gilt auch, wenn die ausgeführte Leistung (objektiv) wirtschaftlich und technisch gleichwertig oder besser ist! Abweichungen von der vereinbarten Beschaffenheit stellen unabhängig davon, ob die anerkannten Regeln der Technik erfüllt sind, einen Sachmangel dar.

Fallbeispiel

Das Aluminiumdach (nach OLG Hamm/BGH IBR 2007, 421)
Ein Aluminium-Flachdach wird mit einer geringeren als der vereinbarten Mindestneigung, mit einer anderen als der ausgeschriebenen Dampfsperrschicht und ohne die vereinbarte Gitterbahn mit Drainageschicht errichtet.

Obwohl die Ausführung den anerkannten Regeln der Technik entspricht, liegt ein Mangel vor, da die Parteien eine abweichende Ausführung vereinbart haben. Diese geht vor.

ABER:

Der Auftragnehmer schuldet – unabhängig von der konkret vereinbarten Beschaffenheit – ein funktionstaugliches, zweckentsprechendes Werk (selbst wenn mit der vereinbarten Beschaffenheit die Funktionstauglichkeit nicht erreicht werden kann):

Typische Beschaffenheitsvereinbarungen können zum Beispiel sein:

- Angaben zu Materialien und Bauausführung im Leistungsverzeichnis
- Vereinbarung eines bestimmten Standards für die Bauleistung
- Baubeschreibung beim Bauträgervertrag (bedarf der Beurkundung)
- Baupläne.

Häufig zeigt sich das Problem, dass die Leistungsbeschreibung oder der sonstige Vertragsinhalt ungenau, unvollständig, nicht transparent oder zu wenig aussagekräftig ist. In diesen Fällen muss der Vertrag ausgelegt werden, wobei Maßstab die Betrachtung als sinnvolles Ganzes ist. So können Regelungen in den Vorbemerkungen denen aus der Leistungsbeschreibung vorgehen.

Bleiben Widersprüche, gilt regelmäßig ein Vorrang konkret formulierter Leistungspositionen vor allgemeinen Hinweisen auf DIN-Vorschriften. Der Wortlaut einer schriftlichen Leistungsbeschreibung genießt Vorrang gegenüber Plänen, wenn dort die Leistung im Einzelnen genauer beschrieben wird.

Beschaffenheitsvereinbarungen können auch stillschweigend (konkludent) erfolgen, wenn sich dies zum Beispiel aus einem dem Auftragnehmer bekannten Verwendungszweck der Bauleistung ergibt.

Fallbeispiel

Das Ärztehaus II (nach BGH IBR 1995, 325)
Der Generalunternehmer hat ein Ärztehaus schlüsselfertig zu errichten. Für die Innentüren beauftragt er einen Nachunternehmer und schreibt ein Schalldämmmaß von 42 dB vor. Die Türen erreichen im Labor ein Schalldämmmaß von 42 dB, nicht aber im Einbauzustand.
Sind die Türen mangelhaft?

Der beauftragte Sachverständige hält die Türen für vertragsgemäß, da das Laborschalldämmmaß eingehalten ist. In der Ausschreibung wurde nicht deutlich gemacht, ob das angegebene Dämmmaß für die Tür allein oder in eingebautem Zustand gelten solle.

Der BGH bejaht dagegen einen Mangel. Der Nachunternehmer habe nicht von einem Laborwert von 42 dB ausgehen dürfen. Das ingenieurtechnische Verständnis sei insoweit nicht maßgeblich. Es komme entscheidend auf die Funktion der Türen an. Im Ärztehaus bzw. bei Praxisräumen gelten erhöhte Anforderungen an einen effektiven Schallschutz vor Ort. Der Nachunternehmer schulde deshalb das Schalldämmmaß von 42 dB im Einbauzustand.

5.1.2.2 2. Stufe

Ist keine Beschaffenheit vereinbart, ist das Werk mangelfrei, wenn es sich für die nach dem Vertrag vorausgesetzte Verwendung eignet, § 633 Abs. 2 Satz 2 Nr. 1 BGB.

Der Auftragnehmer schuldet ein für die vom Auftraggeber beabsichtigte und dem Auftragnehmer bekannte Verwendung geeignetes (funktionstaugliches, zweckentsprechendes) Werk. Die nur einseitigen Vorstellungen einer Partei genügen nicht.

Beispiele

- Wenn der Auftragnehmer eine seitlich umlaufende Baugrubensicherung erstellen muss, hat diese auch ohne ausdrückliche Erwähnung den Vertragszweck, die Erstellung des Untergeschosses abzusichern.
- Wenn der Auftragnehmer eine Heizungsanlage einbaut, ist die nach dem Vertrag vorausgesetzte Verwendung die ausreichende Beheizung des Gebäudes.

Das Dach einer Lager- und Produktionshalle muss auch bei preisgünstiger Ausführung dicht sein. Das ergibt sich ohne Weiteres aus der Funktion der Halle (BGH BauR 2000, 411).

Ein Mangel wegen fehlender vertraglich vorausgesetzter Verwendungseignung kann auch vorliegen, wenn die Beschaffenheit des Werks zu einem technischen oder merkantilen Minderwert führt, z. B.

- geringere Haltbarkeit/Nutzungsdauer,
- erhöhte Betriebs-/Instandhaltungskosten,
- erhöhter Verschleiß oder
- eingeschränkte Verkäuflichkeit.

5.1.2.3 3. Stufe

Wenn sich keine Beschaffenheitsvereinbarung und auch keine nach dem Vertrag vorausgesetzte Verwendungseignung feststellen lassen, ist ein Werk frei von Sachmängeln, wenn es sich für die gewöhnliche Verwendung eignet und eine Beschaffenheit aufweist, die bei Werken der gleichen Art üblich ist und die der Besteller nach der Art des Werkes erwarten kann, § 633 Abs. 2 S. 2 Nr. 2 BGB.

In der 3. Stufe gilt damit ein objektiver Maßstab. Die dritte Stufe dient als Auffangtatbestand. Beim Bauvertrag ist dieser Tatbestand von untergeordneter Bedeutung, da Bauwerke individuell hergestellt werden und Bauverträge ohne definierten Verwendungszweck kaum vorkommen.

5.1.2.4 Funktionstauglichkeit

Der Auftragnehmer hat stets ein den Vertragsumständen zweckentsprechendes, funktionstaugliches Werk zu erbringen. Entscheidend ist, ob der mit dem Werk beabsichtigte Erfolg eintritt. Auch wenn der Auftragnehmer sämtliche vertraglich vereinbarten Teilleistungen erbracht hat, ist das Werk mangelhaft, wenn das Werk nicht die vereinbarte Funktionstauglichkeit aufweist.

Wenn elektrische Außenrollläden bei Frost blockieren, weil sie vereisen, liegt ein Mangel vor (BGH IBR 2007, 189).

5.1.2.5 Verschulden

Es kommt bei den Mängelrechten für das Vorliegen eines Mangels nicht auf ein Verschulden des Auftragnehmers an – ausgenommen beim Schadensersatzanspruch.

Fallbeispiel

Die Terrassentür (nach OLG Brandenburg IBR 2007, 1349):
Der Auftragnehmer baut Terrassentüren ein, die er selbst von einem Lieferanten bezieht, der das Türsystem zertifiziert hat. Es stellt sich heraus, dass die Entwässerungsöffnungen an den Terrassentüren von 7 mm Durchmesser nicht ausreichend funktionssicher sind, weil die Gefahr besteht, dass sich der Bohrungsquerschnitt durch Verschmutzungen weiter verringert und schon ab einem Durchmesser von 6 mm Wasser nicht mehr dauerhaft sicher abgeführt werden kann.

Ein Mangel liegt vor. Es entlastet den Auftragnehmer nicht, dass es sich um ein vom Hersteller zertifiziertes Fenster-/Türen-System handelt. Auf ein Verschulden kommt es nicht an. Der Auftragnehmer haftet auch auf Nacherfüllung, wenn er den Mangel nicht verschuldet hat.

5.1.2.6 Ausschluss der Mängelhaftung

Die Mängelhaftung kann ausgeschlossen sein, wenn der Auftraggeber das Risiko einer funktionsuntauglichen Leistung im Rahmen einer vertraglichen Vereinbarung übernimmt. Voraussetzung ist aber, dass der Auftragnehmer den Auftraggeber vor Ausführung über das bestehende Risiko aufklärt und der Auftraggeber sich rechtsgeschäftlich mit der Risikoübernahme einverstanden erklärt.

Fallbeispiel

Die feuchte Wand (nach OLG Köln IBR 2007, 242):
Der Auftragnehmer führt Putzarbeiten aus. Während der Ausführung zeigt sich, dass die Wände mit Salz und Feuchtigkeit belastet sind. Der vom Auftraggeber mit der Bauleitung beauftragte Architekt erkennt dies, lässt den Auftragnehmer die Arbeiten aber wie ursprünglich vorgesehen ausführen. Eine Anmeldung von Bedenken durch den Auftragnehmer unterbleibt. Bald darauf platzt der Putz ab. Muss der Auftragnehmer nacherfüllen?

Nein. Der Auftragnehmer hätte zwar Bedenken anmelden müssen:

§ 4 Abs. 3 VOB/B

Hat der Auftragnehmer Bedenken gegen die vorgesehene Art der Ausführung (auch wegen der Sicherung gegen Unfallgefahren), gegen die Güte der vom Auftraggeber gelieferten Stoffe oder Bauteile oder gegen die Leistungen anderer Unternehmer, so hat er sie dem Auftraggeber unverzüglich - möglichst schon vor Beginn der Arbeiten - schriftlich mitzuteilen; der Auftraggeber bleibt jedoch für seine Angaben, Anordnungen oder Lieferungen verantwortlich.

§ 13 Abs. 3 VOB/B

Ist ein Mangel zurückzuführen auf die Leistungsbeschreibung oder auf Anordnungen des Auftraggebers, auf die von diesem gelieferten oder vorgeschriebenen Stoffe oder Bauteile oder die Beschaffenheit der Vorleistung eines anderen Unternehmers, haftet der Auftragnehmer, es sei denn, er hat die ihm nach § 4 Nr. 3 obliegende Mitteilung gemacht.

Dies gilt aber nicht, wenn der Auftraggeber das Risiko erkannt und bewusst hingenommen hat. Dem Auftraggeber wird die Kenntnis des bauleitenden Architekten zugerechnet, ungeachtet dessen, dass dieser keine rechtsgeschäftliche Vertretungsbefugnis hatte. Der Architekt war sog. „Wissensvertreter".

5.1.3 Der Rechtsmangel

Die Haftung bei Rechtsmängeln entspricht der Haftung bei Sachmängeln.

Was aber sind Rechtsmängel?

§ 633 Abs. 3 BGB

Das Werk ist frei von Rechtsmängeln, wenn Dritte in Bezug auf das Werk keine oder nur die im Vertrag übernommenen Rechte gegen den Besteller geltend machen können.

Der wesentliche Anwendungsbereich liegt bei Urheberrechten oder gewerblichen Schutzrechten Dritter. So kann die Verwendung von urheberrechtlich geschützten Architekten- und Ingenieurplänen einen Rechtsmangel begründen.

5.1.4 Abgrenzung Mangel/Verschleiß

Ein Anspruch wegen eines Mangels setzt voraus, dass dieser Mangel bereits zum Zeitpunkt der Abnahme zumindest „im Keim" vorhanden ist. So können zum Beispiel Risse im Außenputz erst Jahre nach Abnahme auftreten; sie beruhen aber häufig gleichwohl auf einem Fehler bei der Ausführung. Die Abgrenzung zu reinen Verschleißerscheinungen kann im Einzelfall schwierig sein und wird auch in der Rechtsprechung nicht einheitlich beurteilt:

Beispiele

- Offenporige Lasur von Fenstern (nach OLG Düsseldorf, IBR 1992, 150)
  Eine vom Auftraggeber gewünschte Lasur sei nicht mangelhaft, wenn sie zwei Jahre nach Abnahme ausgeblichen ist. Wenn der Bauherr einen Architekten beauftragt hat, müsste der Handwerker auf diese Folge auch nicht gesondert hinweisen.
- Betonsteinpflaster (nach OLG Köln IBR 2002, 190)
  Ein – sich von der Fassade farblich bewusst unterscheidender – Plattenbelag in dunklem Anthrazitton vor einem EFH sei mangelhaft, wenn der Farbton nach zwei Jahren durch Ausbleichen nur noch hellgrau ist.
- Müllverbrennungsanlage (nach OLG Bamberg IBR 1998, 62)
  Die Auskleidung der Kamininnenseiten einer Müllverbrennungsanlage ist bereits nach drei Jahren spröde und reißt. Es soll ein Baumangel vorliegen, auch wenn die Leistung den anerkannten Regeln der Technik entspricht. Der Unternehmer schulde ein funktionstaugliches Werk, was eine nach Art des Werkes angemessene Nutzungsdauer und Haltbarkeit beinhalte. In dem Fall nahm das Gericht einen Zeitraum von 5 bis 8 Jahren an.
- Wärmedämmverbundsystem I (nach LG Darmstadt IBR 2008, 436)
  Bei einem WDVS tritt bereits nach 2–3 Jahren Algenbefall auf, der zu Verfärbungen führt. Handelt es sich um einen Baumangel? Nach Ansicht des LG Darmstadt liegt kein Baumangel vor, da Vorhersagen über einen möglichen Befall von Algen oder Pilzen eines solchen Systems sowie über deren Ausmaß und Umfang nicht möglich seien. Deshalb müsse der AN auch nicht auf eine solche Möglichkeit hinweisen.
- Wärmedämmverbundsystem II (nach OLG München IBR 2008, 389)
  Der Außenputz eines EFH wies im Bereich der gesamten Fassade aufgrund von Algenbefalls ca. zwei Jahre nach der Abnahme grau-blaue Verfärbungen auf. Dies sei ein Mangel, urteilte das OLG. Die Bauherren hätten einen Außenputz erwarten dürfen, der dem üblichen Gebrauch zum Zeitpunkt der Abnahme entspreche. Der Putz weiche infolge der Verfärbungen von dem ab, was üblicherweise bei Außenputzen zu erwarten sei.

5.1.5 Der Mangelbegriff des § 13 VOB/B

Die VOB/B hat in § 13 Abs. 1 VOB/B den Mangelbegriff aus dem BGB weitgehend übernommen:

§ 13 Abs. 1 VOB/B

Der Auftragnehmer hat dem Auftraggeber seine Leistung zum Zeitpunkt der Abnahme frei von Sachmängeln zu verschaffen. Die Leistung ist zur Zeit der Abnahme frei von Sachmängeln, wenn sie die vereinbarte Beschaffenheit hat und den anerkannten Regeln der Technik entspricht. Ist die Beschaffenheit nicht vereinbart, so ist die Leistung zur Zeit der Abnahme frei von Sachmängeln,

a) wenn sie sich für die nach dem Vertrag vorausgesetzte, sonst

b) für die gewöhnliche Verwendung eignet und eine Beschaffenheit aufweist, die bei Werken der gleichen Art üblich ist und die der Auftraggeber nach der Art der Leistung erwarten kann.

Die VOB/B erwähnt ausdrücklich die anerkannten Regeln der Technik. Dies führt aber nicht zu einer geänderten Rechtslage, da dieses Merkmal auch in den Wortlaut des § 633 BGB hineingedacht wird.

ANERKANNTE REGELN DER TECHNIK:

Summe der im Bauwesen anerkannten wissenschaftlichen, technischen und handwerklichen Erfahrungen, die durchweg bekannt und als richtig und notwendig anerkannt sind.

Sie müssen in der Wissenschaft anerkannt und damit theoretisch richtig sein und sich in der Praxis durchgesetzt haben.

Im VOB/B-Vertrag gibt es keine gesonderte Regelung zu Rechtsmängeln. Hier gelten § 633 Abs. 1 und 3 BGB ergänzend.

MANGELFREIHEIT → HAUPTPFLICHT DES AUFTRAGNEHMERS

DREISTUFIGER PRÜFUNG BEI DER PRÜFUNG EINES SACHMANGELS

– vereinbarte Beschaffenheit

– nach dem Vertrag vorausgesetzte Verwendung

– gewöhnliche Verwendung/übliche Beschaffenheit

FUNKTIONALER MANGELBEGRIFF → Ein Mangel kann auch dann vorliegen, wenn die anerkannten Regeln der Technik eingehalten sind, das Werk aber nicht funktionstauglich ist.

ABGRENZUNG MANGEL/VERSCHLEIß → Üblicher Verschleiß ist kein Mangel; es kommt darauf an, ob der Mangel bei Abnahme bereits „im Keim“ angelegt war.

5.2 Mängelrechte nach BGB-Werkvertragsrecht

5.2.1 Übersicht

Dem Auftraggeber stehen bei Mängeln des Bauwerks verschiedene Mängelrechte zu. Diese unterscheiden sich in den Voraussetzungen und nehmen bei den Rechtsfolgen auf andere Vorschriften des BGB Bezug:

§ 634 BGB Rechte des Bestellers bei Mängeln.

Ist das Werk mangelhaft, kann der Besteller, wenn die Voraussetzungen der folgenden Vorschriften vorliegen und soweit nicht ein anderes bestimmt ist,

1. *nach § 635 Nacherfüllung verlangen,*
2. *nach § 637 den Mangel selbst beseitigen und Ersatz der erforderlichen Aufwendungen verlangen,*
3. *nach den §§ 636, 323 und 326 Abs. 5 von dem Vertrag zurücktreten oder nach § 638 die Vergütung mindern und*
4. *nach den §§ 636, 280, 281, 283 und 311a Schadensersatz oder nach § 284 Ersatz vergeblicher Aufwendungen verlangen.*

5

Vorrangig ist der Nacherfüllungsanspruch. Anschließend kommt Ersatzvornahme, Minderung oder Schadensersatz in Betracht. Von geringer praktischer Bedeutung im Bauvertrag ist der Rücktritt.

5.2.2 Zeitpunkt

Auch für die Geltendmachung der Mängelansprüche kommt es auf die Abnahme an. Die Mängelrechte aus § 634 BGB bestehen regelmäßig erst nach der Abnahme, da erst ab diesem Zeitpunkt von einer „Verschaffung" des Werks auszugehen ist. Vor der Abnahme gilt das allgemeine Leistungsstörungsrecht des BGB. Ob die Rechte aus § 634 BGB jedenfalls zum Teil auch vor der Abnahme Anwendung finden können, ist nicht abschließend geklärt. Bei besonders schweren Mängeln – etwa eine unzureichende Ausführung der Bodenplatte – wird man dem Auftraggeber nicht zumuten können, bis zur Abnahme des gesamten Hauses zu warten, bevor er Mängelrechte wegen der mangelhaften Bodenplatte ausüben kann. Die VOB/B enthält in § 4 Abs. 7 VOB/B einen Nacherfüllungs- und Schadensersatzanspruch bereits vor Abnahme.

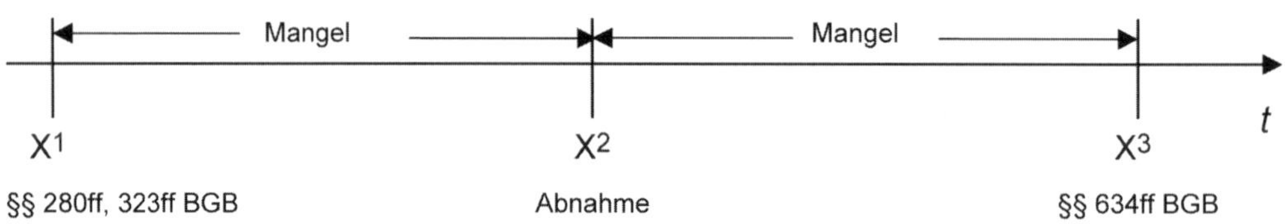

Bild 5-1 Zeitschiene Mängelrechte

5.2.3 Stufenverhältnis und Fristsetzung

Die Mängelrechte stehen in einem Stufenverhältnis zueinander. Zunächst hat der Auftraggeber bei Vorliegen eines Mangels nur Anspruch auf Nacherfüllung. Man spricht insoweit auch vom modifizierten Erfüllungsanspruch. Erst wenn der Auftraggeber dem Auftragnehmer eine angemessene Frist zur Nacherfüllung gesetzt hat und diese Frist abgelaufen ist, ohne dass der Auftragnehmer den Mangel beseitigt hat, kann der Auftraggeber weitere Mängelrechte ausüben. Dies bedeutet, dass dem Auftragnehmer auch ein Recht zur Nacherfüllung zusteht, das der Auftraggeber nicht ohne Weiteres übergehen darf.

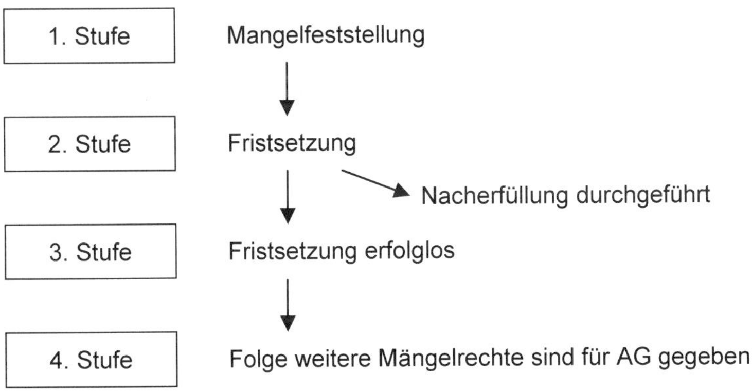

Bild 5-2 Stufenverhältnis der Mängelrechte

Wenn die Frist zur Nacherfüllung abgelaufen ist, kann der Auftraggeber wählen, welches der Rechte gemäß § 634 Nr. 2-4 BGB er ausüben will. Bis zur Ausübung des Wahlrechts hat der Auftraggeber zwar auch kein Recht auf Durchführung der Nacherfüllung (der AG darf immer selbst entscheiden, was mit „seinem Bauwerk" geschieht), allerdings erleidet der AG Rechtsnachteile, wenn er die Nacherfüllung nicht an den AN vergibt (z. B. Zahlungspflicht der vollen Vergütung).

5.2.4 Der Nacherfüllungsanspruch, §§ 634 Nr. 1, 635 BGB

Der sogenannte modifizierte Erfüllungsanspruch besteht darin, dass der Auftraggeber die endgültige Herstellung eines vertragsgemäßen mangelfreien Werks verlangen kann. Dies kann durch Nachbesserung (Mangelbeseitigung) oder Neuherstellung geschehen.

Voraussetzungen:

1) Wirksamer Werkvertrag
2) Vorliegen eines Mangels.
3) Nacherfüllungsverlangen des Auftraggebers mit Fristsetzung
4) Kein Ausschluss bzw. Weigerungsrecht des Auftragnehmers, § 635 Abs. 3 BGB.

Rechtsfolge:

Wahlrecht des AN (Mängelbeseitigung oder Neuherstellung)

5.2.4.1 Das Nacherfüllungsverlangen

Die Mängelbeseitigungsaufforderung muss das äußere Erscheinungsbild und die Schadensörtlichkeit möglichst genau bezeichnen; allgemeine, pauschale Angaben genügen nicht.

Fallbeispiel

Das Neubaudach (nach OLG Köln IBR 2005, 15)

Im Dachbereich eines Neubaus traten Mängel auf. Der Auftraggeber forderte den Auftragnehmer unter Hinweis auf Feuchtigkeitseintritte im Dachbereich (ohne nähere Lokalisierung) zur Überprüfung auf, anschließend zur Behebung mit Fristsetzung. Zur Ermittlung der Schadensursache führte der Auftraggeber ein selbstständiges Beweisverfahren durch und forderte den Auftragnehmer nach dessen Abschluss erneut zur Mängelbeseitigung auf. Der Auftragnehmer sagte zu, die Mängel nach Maßgabe des Gutachtens nachzubessern, womit der Auftraggeber einverstanden war. Kurze Zeit später teilte der Auftraggeber mit, neue Erkenntnisse hätten ergeben, dass die im Gutachten vorgesehenen Arbeiten nicht ausreichen. Der Auftragnehmer habe sich mit seiner schlechten Arbeit als unzuverlässig erwiesen, eine weitere Zusammenarbeit sei nicht zumutbar. Der Auftraggeber beauftragte ein anderes Unternehmen mit der Mängelbeseitigung und verlangte Kostenerstattung.

5

Die Klage des Auftraggebers hatte keinen Erfolg, da es an einer wirksamen Fristsetzung fehlt. Die Beschreibung des Mangels in der anfangs gesetzten Frist war zu pauschal und deshalb unwirksam. Nachdem die Parteien nach Abschluss des Beweisverfahrens eine Vereinbarung zur Nacherfüllung getroffen hatten, war auch die zuvor gesetzte Fristsetzung zur Nacherfüllung überholt. Der Auftraggeber hätte in diesem Fall eine erneute Frist zur Nacherfüllung setzen müssen, um die Voraussetzungen der Ersatzvornahme zu schaffen.

Allerdings ist die Schilderung des objektiven Erscheinungsbilds der Mängel ausreichend. Der Bauherr muss lediglich das oder die Symptome beschreiben. Wenn der Auftraggeber mitteilt, dass Wasser von unten in das Gebäude eintritt, deutet dies auf Abdichtungsmängel des Bauwerks hin. Der Auftragnehmer ist dann zur umfassenden Abklärung aller möglichen Mängelursachen und deren Beseitigung verpflichtet (OLG München IBR 2007, 419).

5.2.4.2 Die Fristsetzung

Wenn der Auftraggeber weitergehende Rechte geltend machen will, wie etwa Ersatzvornahme, Minderung oder Schadensersatz, muss er das Nacherfüllungsverlangen mit einer Fristsetzung verbinden.

Die Frist muss angemessen sein. Dies ist stets eine Frage des Einzelfalls.

Die Frist muss sich auf den Abschluss der Nacherfüllung beziehen; eine Frist, mit den Arbeiten zu beginnen, reicht nicht aus. Nicht ausreichend ist eine Frist zur Unterbreitung von Lösungsvorschlägen oder die bloße Anfrage, ob die Mängelbeseitigungsarbeiten ausgeführt werden.

Die Fristsetzung zur Nacherfüllung ist wirkungslos, wenn der Auftraggeber erforderliche Mitwirkungshandlungen nicht vorgenommen hat.

Die Fristsetzung kann unter besonderen Umständen entbehrlich sein. Beispiele:

- Zum Fertigstellungstermin sind nur ca. 60 % der Bauleistung erbracht (Würdigung aller Umstände erforderlich) OLG Hamm IBR 2007, 1371;
- Undichtigkeit an einer Fernwärmeleitung im Winter. Nach mehrstündiger Suche wird gegen 18:00 Uhr die schadhafte Schweißstelle gefunden. Betreiber kann hier zur sofortigen Schadensbeseitigung berechtigt sein (Gefahr im Verzug), OLG Düsseldorf IBR 1993, 277.

5.2.4.3 Die Art und Weise der Nacherfüllung

Das „Wie" der Nacherfüllung unterliegt der Disposition des Auftragnehmers. Das Verlangen einer bestimmten Art und Weise der Mängelbeseitigung ist unberechtigt. Es ist die Entscheidung des Auftragnehmers, wie er den Mangel beseitigt. Der Auftragnehmer ist vorleistungspflichtig und trägt das Risiko des Gelingens der Nacherfüllung. Er kann am ehesten entscheiden, wie und auf welche Weise eine vollständige Beseitigung des Mangels erfolgen kann.

Das Wahlrecht des Auftragnehmers ist eingeschränkt, wenn die gewählte Art der Nacherfüllung dem Auftraggeber unzumutbar ist. Dies ist Ausfluss des Prinzips von Treu und Glauben.

Beispiele

- mehrwöchiger Austausch einer Heizung im Winter, obwohl eine Reparatur unter Aufrechterhaltung des Betriebs möglich wäre
- gravierende, irreparable Mängel – ggf. Pflicht zur Neuherstellung
- ständige Nachbesserung wiederkehrender Mängelbilder.

Sonderproblem: „Billiglösungen"

Wenn zur Mängelbeseitigung eine Neuherstellung notwendig ist, muss der Auftraggeber eine vom Auftragnehmer angebotene „Billiglösung" nicht akzeptieren.

Beispiele

- Bei einem schadhaften Innenputz muss der Auftraggeber nicht akzeptieren, dass der Auftragnehmer statt der notwendigen Neuherstellung Gipskartonplatten aufbringt (OLG Hamm IBR 2005, 474).
- Keine ordnungsgemäße Mangelbeseitigung eines mit Schimmelpilz befallenen Dachstuhls liegt vor, wenn dessen Holzgebälk nach Vornahme der Arbeiten weiterhin mit Schimmelpilzsporen behaftet ist (auch wenn keine Gesundheitsgefahren für die Bewohner bestehen – BGH IBR 2006, 487).

Der Auftraggeber verhält sich widersprüchlich, wenn er den Auftragnehmer zur Nacherfüllung auffordert, aber eine von diesem vorgeschlagene geeignete Mängelbeseitigung nicht annimmt. Insoweit kann er keinen Schadensersatz oder Aufwendungsersatz beanspruchen (BGH IBR 2004, 64).

5.2.4.4 Kosten der Nacherfüllung

Grundsätzlich trägt der Auftragnehmer die mit der Nacherfüllung verbundenen Kosten. Will der Auftragnehmer eine Vergütung, weil er sich für den Mangel nicht verantwortlich hält, muss er eindeutig zum Ausdruck bringen, dass er die Arbeiten nicht als kostenlose Mängelbeseitigung durchführt (OLG Celle IBR 2003, 240). Der in Anspruch genommene Auftragnehmer darf Maßnahmen zur Mängelbeseitigung aber nicht davon abhängig machen, dass der Auftraggeber eine Erklärung abgibt, wonach er die Kosten der Untersuchung und weiterer Maßnahmen für den Fall übernimmt, dass der Auftragnehmer nicht für den Mangel verantwortlich ist (BGH IBR 2010, 612).

§ 635 Abs. 2 BGB

Der Unternehmer hat die zum Zwecke der Nacherfüllung erforderlichen Aufwendungen, insbesondere Transport-, Wege-, Arbeits- und Materialkosten zu tragen.

Die Kostentragungspflicht umfasst alles, was vorbereitend erforderlich ist, um den Mangel zu beheben, sowie die Arbeiten, die notwendig werden, um nach durchgeführter Mängelbeseitigung den davor bestehenden Zustand wiederherzustellen.

Beispiel Wenn der Auftragnehmer undichte Stellen an einer Fußbodenheizung beseitigt, muss er anschließend den vor Beginn der Nachbesserung bestehenden Zustand wieder herstellen:

- Entfernung des Teppichbodens,
- Aufstemmen des Estrichs,
- Ausräumen der Perlite-Schüttung,
- Abtransport des Bauschutts,
- Verlegung des neuen Estrichs und des neuen Teppichbodens,
- Malerarbeiten, soweit diese durch die Nachbesserung veranlasst waren,
- die Reinigung des Teppichbodens, sofern dieser bei der Schadensbeseitigung verschmutzt worden ist.

Sonstige Kosten im Rahmen des § 635 Abs. 2 BGB können sein:

- Hotelkosten, wenn es zur Mangelbeseitigung unumgänglich ist, das Objekt frei zu ziehen (BGH IBR 2003, 294),
- Architektenvergütung für die Bauleitung während der Mängelbeseitigung,
- notwendige Ursachenermittlungskosten zur Auffindung des zu beseitigenden Mangels, z. B. für Gutachter (BGH NJW-RR 1999, 813; OLG Düsseldorf NJW-RR 2003, 454).

In bestimmten Ausnahmefällen kann der Auftraggeber an den Nacherfüllungskosten beteiligt werden:

- Dies ist etwa dann der Fall, wenn das Werk nur bei Ausführung einer vergütungspflichtigen Nachtragsleistung mängelfrei geworden wäre, die im Rahmen der Mängelbeseitigung nachgeholt wird. Diese „Sowieso"-Kosten muss der Auftraggeber tragen.

- Wenn der Mangel teilweise durch den Auftraggeber – zum Beispiel durch einen Planungsfehler – mit verschuldet wird, muss er sich auch an den Kosten beteiligen.

5.2.4.5 Verweigerung der Nacherfüllung, § 635 Abs. 3 BGB

Der Auftragnehmer kann unter sehr engen Voraussetzungen die Nacherfüllung verweigern, etwa weil sie nur mit unverhältnismäßigen Kosten möglich ist. Die Kosten der Nacherfüllung sind dann unverhältnismäßig, wenn der mit der Nachbesserung erzielbare Erfolg in keiner vernünftigen Relation zur Höhe der erforderlichen Behebungskosten steht. Dies kommt nur im Ausnahmefall in Betracht.

Fallbeispiel

Der Fahrstuhl (nach BGH IBR 1997, 12)

Der Auftraggeber lässt für einen Pauschalbetrag von EUR 2 Mio. ein Hotel ausbauen, wobei auch ein Personenaufzug eingebaut werden soll. Der vom Auftragnehmer eingebaute Aufzug ist allerdings kleiner als geschuldet ist und kann lediglich eine Person mit Gepäck befördern.

Die Tragfähigkeit des Aufzugs kann erhöht und der Fahrkorb im Wege einer Spezialanfertigung vergrößert werden, die EUR 150.000,00 kostet. Der Auftragnehmer hält den Aufwand für die vom Auftraggeber so geforderte Nachbesserung für überhöht und will lediglich eine Minderung akzeptieren.

Zu Recht?

5

Ein Mangel liegt vor (vereinbarte Beschaffenheit). Der Auftragnehmer muss nachbessern, da der Ausnahmefall der Unverhältnismäßigkeit nicht vorliegt. Die Funktionsweise des Aufzugs führt für das Hotel zu einer spürbaren Beeinträchtigung, sodass es schon an einem objektiv geringen Interesse des Auftraggebers fehlt. Der Einwand der Unverhältnismäßigkeit ist nur gerechtfertigt, sofern das Nachbesserungsverlangen sich mit Rücksicht auf das objektive Interesse an ordnungsgemäßer Erfüllung im Verhältnis zu dem dafür erforderlichen Aufwand als Verstoß gegen Treu und Glauben darstellt.

Fallbeispiel

Die gewölbten Dämmplatten (nach OLG Bamberg IBR 2008, 212):

Die Oberfläche eines Wärmedämmverbundsystems ist bei nasskalter Witterung nicht formbeständig. Die zeitweise auftretenden optischen Beeinträchtigungen (hier: Aufschüsseln der Dämmplatten) liegen an der Grenze der Wahrnehmbarkeit. Standsicherheit, Wärme-, Feuchtigkeits-, Brand- und Schallschutz werden nicht beeinträchtigt. Risse sind nicht zu befürchten. Die Nacherfüllungskosten belaufen sich auf EUR 35.500,00. Muss der AN nacherfüllen?

Es liegt ein Mangel vor. Auch ohne ausdrückliche Vereinbarung darf der Auftraggeber eines WDVS erwarten, dass sich dessen Aussehen nicht witterungsabhängig verändert. Die Nacherfüllungskosten sind gleichwohl unverhältnismäßig, da das Werk voll funktionsfähig und dem Auftragnehmer nur ein geringer Schuldvorwurf zu machen ist (weil er die Herstellerrichtlinien zum Einbau eingehalten hat).

NACHERFÜLLUNG → PRIMÄRES MANGELRECHT DES AUFTRAGGEBERS (STUFENVERHÄLTNIS)

= endgültige Herstellung eines vertragsgemäßen mangelfreien Werks, entweder durch Nachbesserung (Mangelbeseitigung) oder Neuherstellung; auf Kosten des Auftragnehmers

Nacherfüllungsverlangen → Benennung eines Symptoms reicht aus

Wahlrecht des AN → Mängelbeseitigung oder Neuherstellung

Nur im Ausnahmefall → Weigerungsrecht bei Unverhältnismäßigkeit

5.2.5 Selbstvornahme und Aufwendungsersatz

5.2.5.1 Anspruch

Ein wesentliches Mängelrecht im BGB stellt die Selbstvornahme – auch Ersatzvornahme – der Mangelbeseitigungsleistung und die Geltendmachung der dafür erforderlichen Aufwendungen dar.

5

§§ 634 Nr. 2 BGB

1. Ist das Werk mangelhaft, kann der Besteller, wenn die Voraussetzungen der folgenden Vorschriften vorliegen und soweit nicht ein anderes bestimmt ist, (...)

2. nach § 637 den Mangel selbst beseitigen und Ersatz der erforderlichen Aufwendungen verlangen, (...)

§ 637 BGB

(1) Der Besteller kann wegen eines Mangels des Werkes nach erfolglosem Ablauf einer von ihm zur Nacherfüllung bestimmten angemessenen Frist den Mangel selbst beseitigen und Ersatz der erforderlichen Aufwendungen verlangen, wenn nicht der Unternehmer die Nacherfüllung zu Recht verweigert.

(2) § 323 Abs. 2 findet entsprechende Anwendung. Der Bestimmung einer Frist bedarf es auch dann nicht, wenn die Nacherfüllung fehlgeschlagen oder dem Besteller unzumutbar ist.

(3) Der Besteller kann von dem Unternehmer für die zur Beseitigung des Mangels erforderlichen Aufwendungen Vorschuss verlangen.

5.2.5.2 Voraussetzungen

1. Mangel
2. Nacherfüllungsverlangen

Es sei denn, dem Auftraggeber ist die Nacherfüllung durch den Auftragnehmer unzumutbar. Dies ist dann der Fall, wenn der Auftragnehmer durch sein vorheriges Verhalten das Vertrauen in seine Leistungsfähigkeit oder Leistungsbereitschaft derart erschüttert hat, dass es dem AG nicht zumutbar ist, diesen AN noch mit der Nacherfüllung zu befassen.

3. Fristsetzung (verbunden mit dem Nacherfüllungsverlangen)
   Es sei denn, die Fristsetzung ist nach § 323 Abs. 2 BGB entbehrlich:
   - ernsthafte und endgültige Verweigerung des Schuldners,
     Beispiel: Es reicht nicht aus, wenn der Auftragnehmer erklärt, er besitze nicht die fachlichen Fähigkeiten, um einen Mangel nachhaltig zu beseitigen (OLG Düsseldorf BauR 2001, 646),
   - Fixgeschäft
     Der Auftragnehmer leistet nicht zu einem im Vertrag bestimmten Termin und der Auftraggeber hat im Vertrag den Fortbestand seines Leistungsinteresses an die Rechtzeitigkeit der Leistung gebunden,
   - besondere Umstände
4. Erfolgloses Verstreichen der Frist zur Mangelbeseitigung.

5.2.5.3 Rechtsfolgen

Der Auftraggeber kann den Mangel selbst beseitigen oder durch einen Dritten beseitigen lassen. Sein Nacherfüllungsanspruch besteht bis zum Beginn der Ersatzvornahme fort.

Nach Mängelbeseitigung kann der Auftraggeber Ersatz aller erforderlichen Aufwendungen verlangen. Dies sind zunächst sämtliche zur ordnungsgemäßen Herstellung der Bauleistung erforderlichen Kosten.

Dabei muss der Auftraggeber keine „Billiglösungen“ akzeptieren, die den vertraglich geschuldeten Erfolg nicht herbeiführen.

Der Auftragnehmer haftet auch für angemessene, aber fehlgeschlagene Mängelbeseitigungsversuche Dritter (Prognoserisiko des Auftragnehmers).

5.2.5.4 Kostenvorschussanspruch, § 637 Abs. 3 BGB

Der Auftraggeber muss wegen der Kosten der Mängelbeseitigung nicht in Vorleistung treten. Häufig wird er auch gar nicht die Mittel haben, die Mängel selbst zu beseitigen. Das Gesetz sieht deshalb in § 637 Abs. 3 BGB einen Anspruch auf Vorschuss für die zur Beseitigung des Mangels erforderlichen Aufwendungen

Dieser hat zunächst dieselben Voraussetzungen wie der Anspruch auf Aufwendungsersatz. Zudem muss der Auftraggeber die Absicht haben, den Mangel zu beseitigen.

Der Vorschussanspruch geht auf den Geldbetrag, der die mutmaßlichen Kosten der Selbstvornahme einschließlich der Regiekosten abdeckt (auch Umzugs- und Hotelkosten während der Sanierung). Bei bestehender Vorsteuerabzugsberechtigung darf nur der Nettobetrag geltend gemacht werden.

Den Betrag darf der Auftraggeber schätzen, da es sich nur um eine vorläufige Zahlung handelt, über die später abzurechnen ist. Sowieso-Kosten, die anspruchsmindernd zu berücksichtigen sind, muss der Auftragnehmer einwenden.

Nach Beseitigung des Mangels muss der Auftraggeber in angemessener Zeit (6–12 Monate) über den Vorschuss abrechnen. Dabei genügt es in der Regel, die Schlussrechnung vorzulegen. Ein übersteigender Betrag ist an den Auftragnehmer zurückzuzahlen. Wenn der Vorschuss nicht ausreicht, kann der fehlende Differenzbetrag noch eingefordert werden.

Wenn der Auftraggeber den Vorschuss nicht oder zweckwidrig verwendet und der Auftragnehmer ihn darauf zurückfordert, bleibt dem Auftraggeber aber noch eine weitere Möglichkeit: Er kann von seinem ursprünglichen Vorschussanspruch auf Schadensersatz (wenn dessen Voraussetzungen vorliegen) wechseln und mit diesem Anspruch gegen den Rückforderungsanspruch des Auftragnehmers aufrechnen.

5.2.6 Rücktritt

5.2.6.1 Grundlagen

Dem Rücktritt kommt im Bauvertrag nur geringe praktische Bedeutung zu, da sich ein bereits begonnenes Bauprojekt nur schwer rückabwickeln lässt. Rechtstechnisch handelt es sich beim Rücktritt um ein Gestaltungsrecht, nicht um einen Anspruch. Mit der Erklärung des Rücktritts durch den Auftraggeber wandelt sich der ursprüngliche Bauvertrag in ein Rückgewährschuldverhältnis um. Aus diesem Verhältnis kann der Auftraggeber weitere Ansprüche geltend machen.

Im VOB/B-Vertrag ist der Rücktritt als Mängelrecht nicht vorgesehen.

5.2.6.2 Voraussetzungen

1. Mangel
2. Nacherfüllungsverlangen
3. Verstreichen einer angemessenen Frist zur Nacherfüllung, es sei denn, die Fristsetzung ist entbehrlich, § 636 BGB
4. Rücktrittserklärung
5. kein Ausschluss des Rücktritts
   - nur unwesentliche Mängel, § 323 Abs. 5 S. 2 BGB
   - alleinige/überwiegender Verantwortlichkeit des AG, § 323 Abs. 6 BGB oder
   - bei Annahmeverzug des AG, § 323 Abs. 6 BGB
6. ggf. Beschränkung des Rücktritts auf einen Teil der Leistung, wenn die bereits erbrachte Teilleistung für den Auftraggeber von Interesse ist.

5.2.6.3 Rechtsfolgen

Mit der Erklärung des Rücktritts wandelt sich das Vertragsverhältnis in ein Abrechnungs- und Abwicklungsverhältnis um. Weitere Erfüllungsansprüche erlöschen, die bereits empfangenen Leistungen sind zurückzugewähren oder es ist Wertersatz zu leisten.

Der Werklohnanspruch des Auftragnehmers entfällt. Bereits erhaltene Abschläge muss der Auftragnehmer zurückzahlen.

Die erbrachte Bauleistung ist vom Auftragnehmer abzubauen und vom Grundstück des Auftraggebers zu entfernen (OLG Bremen IBR 2006, 196). Wenn ein Rückbau nicht möglich ist, hat der Auftraggeber Wertersatz zu leisten, wobei sich die Höhe des Wertersatzes nach der im Vertrag vereinbarten Vergütung abzüglich des Minderwerts für die Kosten der Mängelbeseitigung bestimmen soll (OLG Brandenburg IBR 2010, 496). Dies kann unbillig sein, da der Auftragnehmer für ein mangelhaftes Werk angemessen entlohnt würde, während dem Auftraggeber ein nur unfertiges Werk bleibt.

Neben dem Rücktritt kann Schadensersatz verlangt werden, § 325 BGB.

Fallbeispiel

Der Wintergarten (nach OLG Bremen, IBR 2006, 196):
Der Auftraggeber lässt einen Wintergarten an sein Haus anbauen. Der Auftraggeber erklärt die Abnahme unter Vorbehalt. Der Wintergarten ist nicht regendicht. Der Auftragnehmer unternimmt drei Nachbesserungsversuche, die allesamt vergeblich bleiben. Nachdem der Auftragnehmer die Forderung aus seiner Schlussrechnung einklagt, erklärt der Auftraggeber den Rücktritt, fordert seine Abschlagszahlungen zurück und verlangt den Rückbau des Wintergartens.
Wie ist die Rechtslage?

Der Auftragnehmer muss nicht nur die Abschläge zurückzahlen, sondern auch den Wintergarten abbauen und vom Grundstück des Bauherrn entfernen! Der Rücktritt war wirksam. Den Auftraggeber traf kein überwiegendes Mitverschulden, er befand sich nicht im Annahmeverzug und der Mangel war nicht unerheblich. Einer Fristsetzung bedurfte es hier ausnahmsweise nicht, da nach drei vergeblichen Nachbesserungsversuchen die Nachbesserung gemäß § 636 BGB als fehlgeschlagen gilt und dem Auftraggeber auch unzumutbar ist.

5.2.7 Minderung

5.2.7.1 Grundlagen

Auch bei der Minderung handelt es sich – wie beim Rücktritt – um ein Gestaltungsrecht des Auftraggebers. Durch die einseitige Erklärung des Auftraggebers erlischt der Werklohnanspruchs in entsprechender Höhe, wenn die gesetzlichen Voraussetzungen vorliegen.

§ 634 Nr. 3 BGB

Ist das Werk mangelhaft, kann der Besteller, wenn die Voraussetzungen der folgenden Vorschriften vorliegen und soweit nicht ein anderes bestimmt ist, (...) nach § 638 die Vergütung mindern (...)

§ 638 BGB – Minderung

(1) Statt zurückzutreten, kann der Besteller die Vergütung durch Erklärung gegenüber dem Unternehmer mindern. Der Ausschlussgrund des § 323 Abs. 5 Satz 2 findet keine Anwendung.

(2) ...

(3) Bei der Minderung ist die Vergütung in dem Verhältnis herabzusetzen, in welchem zur Zeit des Vertragsschlusses der Wert des Werkes in mangelfreiem Zustand zu dem wirklichen Wert gestanden haben würde. Die Minderung ist, soweit erforderlich, durch Schätzung zu ermitteln. (...)

5.2.7.2 Voraussetzungen

Die Minderung hat grundsätzlich dieselben Voraussetzungen wie der Rücktritt. Dies folgt aus dem Wortlaut von § 638 Abs. 1 BGB („Statt zurückzutreten, …“). Allerdings kommt die Minderung auch bei unerheblichen Mängeln in Betracht.

1. Mangel
2. Nacherfüllungsverlangen
3. Verstreichen einer angemessenen Frist zur Nacherfüllung
4. Erklärung der Minderung

5

5.2.7.3 Rechtsfolgen

Durch die Minderung verringert sich der Werklohn nach einer durch das Gesetz vorgegebenen Formel:

§ 638 Abs. 3 BGB

Bei der Minderung ist die Vergütung in dem Verhältnis herabzusetzen, in welchem zur Zeit des Vertragsschlusses der Wert des Werkes in mangelfreiem Zustand zu dem wirklichen Wert gestanden haben würde. Die Minderung ist, soweit erforderlich, durch Schätzung zu ermitteln.

$$\text{vereinbarte Vergütung} = \text{Wert der mangelfreien Leistung}$$

$$\text{geminderte Vergütung} = \text{Wert der mangelhaften Leistung}$$

$$\text{geminderte Vergütung} = \frac{\text{Wert der mangelhaften Leistung} \times \text{vereinbarte Vergütung}}{\text{Wert der mangelfreien Leistung}}$$

Das Gericht kann den Minderungsbetrag auch schätzen.

Wichtig ist, dass durch eine wirksame Minderung der Rücktritt ausgeschlossen wird. Die beiden Gestaltungsrechte können nur alternativ ausgeübt werden. Ob neben der Minderung noch Schadensersatz statt der Leistung gefordert werden kann, ist bisher nicht geklärt.

5.2.8 Schadensersatz

5.2.8.1 Grundlagen

Das Werkvertragsrecht sieht auch Schadensersatzansprüche des Auftraggebers vor, wenn das Werk mangelhaft ist. Die Ausgestaltung der Ansprüche ist im allgemeinen Schuldrecht des BGB geregelt, auf das § 634 BGB verweist.

§ 634 Nr. 4 BGB

Ist das Werk mangelhaft, kann der Besteller, wenn die Voraussetzungen der folgenden Vorschriften vorliegen und soweit nicht ein anderes bestimmt ist, nach den §§ 636, 280, 281, 283 und 311a Schadensersatz oder nach § 284 Ersatz vergeblicher Aufwendungen verlangen.

a) Bedeutung des Verschuldens

Im Unterschied zu den anderen Mängelrechten bestehen Schadensersatzansprüche nur dann, wenn ein Verschulden – ein vorwerfbares Verhalten – des Auftragnehmers vorliegt. Dies ist in § 280 BGB, der „Grundnorm" der Schadensersatzansprüche, geregelt:

Wenn der Schuldner eine Pflicht aus dem Schuldverhältnis verletzt, kann der Gläubiger Ersatz des hierdurch entstehenden Schadens verlangen. Dies gilt nicht, wenn der Schuldner die Pflichtverletzung nicht zu vertreten hat. Es wird gesetzlich vermutet, dass der Schuldner, der eine Pflicht verletzt, dabei auch schuldhaft handelt.

Grundsätzlich hat der Schuldner nach § 276 BGB Vorsatz und Fahrlässigkeit zu vertreten, wenn nichts anderes vereinbart ist oder kraft Gesetzes gilt.

5

Fallbeispiel

Das Wasserrohr (nach OLG Jena IBR 2006, 388):
Ein Sanitärinstallateur überprüft die von ihm verlegten Wasserrohre nicht gemäß DIN 1988 „Technische Regeln für Trinkwasser-Installationen" auf Dichtigkeit und Festigkeit der Installation (Druckprüfung mit filtriertem Trinkwasser). Nach Abnahme entsteht ein Wasserschaden.
Muss der Auftragnehmer Schadensersatz leisten?

Dies ist (nur) dann der Fall, wenn den Auftragnehmer ein Verschulden trifft. Bei einem Verstoß gegen DIN-Prüfungsverfahren spricht der Beweis des ersten Anscheins dafür, dass der Auftragnehmer den Mangel der Leistung auch zu vertreten hat. Verschulden liegt demnach vor.

b) Haftung des Lieferanten

Der Auftragnehmer wird häufig nicht erkennen können, ob ein vom ihm verarbeiteter Baustoff mangelhaft ist. Wenn dem Baustofflieferanten aber Verschulden bei der Herstellung des Baustoffs vorzuwerfen ist, stellt sich die Frage, ob dem Auftragnehmer dieses Verschulden zugerechnet wird.

Nach § 278 BGB muss der Schuldner ein Verschulden seines gesetzlichen Vertreters und der Personen, deren er sich zur Erfüllung seiner Verbindlichkeit bedient, in gleichem Umfang vertreten wie eigenes Verschulden.

Es kommt deshalb darauf an, ob der Baustofflieferant eine Person ist, derer sich der Auftragnehmer bedient, um seine Bauleistungsverpflichtung zu erfüllen. Ein Lieferant ist aber nur ausnahmsweise Erfüllungsgehilfe des Auftragnehmers. Dies kann dann der Fall sein, wenn der Lieferant nicht nur seine kaufvertragliche Lieferpflicht erfüllt, sondern darüber hinaus bei der Auswahl/Verarbeitung des Materials beratend tätig ist und dadurch vom Auftragnehmer bewusst in den werkvertraglichen Pflichtenkreis einbezogen wird (OLG Celle IBR 1996, 110).

Wenn der Lieferant kein Erfüllungsgehilfe ist, kann ein Verschulden des Auftragnehmers darin liegen, dass er seiner kaufvertraglichen Prüf- und Rügepflicht nicht nachgekommen ist, vorausgesetzt, der Mangel des Materials wäre dabei erkennbar gewesen.

SCHADENSERSATZANSPRÜCHE DES AUFTRAGGEBERS

⇒ ***Schadensersatz statt der Leistung, § 280 Abs. 3, 281 BGB,***

⇒ ***Schadensersatz neben der Leistung, § 280 Abs. 1 BGB,***

⇒ ***Schadensersatz wegen Verzögerung der Leistung, §§ 280 Abs. 2, 286 BGB.***

5.2.8.2 Schadensersatz statt der Leistung, §§ 634 Nr. 4, 636, 280 Abs. 3, 281 BGB

Der Schadensersatz statt der Leistung setzt auf dem Nacherfüllungsanspruch auf. Ersetzt werden solche Schäden, die der Auftragnehmer durch ordnungsgemäße Nacherfüllung hätte vermeiden können. Schäden, die auch bei ordnungsgemäßer Nacherfüllung entstanden wären, werden ggf. über § 280 Abs. 1 BGB ersetzt (dazu unten 5.2.8.3).

a) Voraussetzungen

1. Mangel
2. Nacherfüllungsverlangen
3. Verstreichen einer angemessenen Frist zur Nacherfüllung (§ 281 Abs. BGB)
   Es sei denn, die Fristsetzung ist entbehrlich:
   - Verweigerung der Nacherfüllung wegen unverhältnismäßiger Kosten durch den Auftragnehmer (§ 635 Abs. 3 BGB)
   - Nacherfüllung fehlgeschlagen (§ 636 BGB)
   - Nacherfüllung für den Auftraggeber unzumutbar (§ 636 BGB)
   - ernsthafte und endgültige Leistungsverweigerung durch den Auftragnehmer (§ 281 Abs. 2 BGB)

- besondere Umstände, die nach Interessenabwägung sofortige Geltendmachung rechtfertigen (§ 281 Abs. 2 BGB)

4. Verschulden des Auftragnehmers (§ 280 Abs. 1 S. 2 BGB)

b) Rechtsfolgen

Grundsätzlich wird der Auftraggeber so gestellt, als hätte der Auftragnehmer ordnungsgemäß erfüllt. Beim Schadensersatz statt der Leistung ist zwischen dem sogenannten „Kleinen Schadensersatz" und dem „Großen Schadensersatz" zu unterscheiden:

Kleiner Schadensersatz:	Der Auftraggeber behält das Werk und erhält die Wertdifferenz oder die Reparaturkosten als Schadensersatz.
Großer Schadensersatz:	Rückgabe des Werks gegen Rückzahlung des Werklohns und Ersatz weiterer Schäden (z. B. Kosten einer Ersatzbeschaffung, entgangener Gewinn).

„Großen Schadensersatz" kann der Auftraggeber nicht verlangen, wenn der Mangel unerheblich ist (§ 281 Abs. 1 S. 3 BGB).

5.2.8.3 *Schadensersatz neben der Leistung, §§ 634 Nr. 4, 280 Abs. 1 BGB*

a) Grundlagen

Das Werkvertragsrecht verweist hier auf die „Grundnorm" des Schadensersatzrechts. Nach § 280 Abs. 1 BGB werden die Schäden ersetzt, die auch bei ordnungsgemäßer Nacherfüllung bestehen bleiben. Hier nicht angesprochen sind die Schäden, die der Auftragnehmer durch Nacherfüllung hätte abwenden können. Dies sind insbesondere die Mangelbeseitigungskosten. Ersetzt werden aber die sogenannten „Mangelfolgeschäden", also Schäden, die an anderen Rechtsgütern des Auftraggebers eingetreten sind.

§ 280 Abs. 1 BGB

Verletzt der Schuldner eine Pflicht aus dem Schuldverhältnis, so kann der Gläubiger Ersatz des hierdurch entstehenden Schadens verlangen. Dies gilt nicht, wenn der Schuldner die Pflichtverletzung nicht zu vertreten hat.

Beispiele

- Schäden an Leben, Gesundheit, Eigentum
- Schäden am Bauwerk, die Folge des Mangels sind, z. B. Putzschäden nach Wasserrohrbruch
- Gutachterkosten,
- Rechtsverfolgungskosten,
- Ersatzpflicht gegenüber Dritten (z. B. bei Vermietung)
- Nutzungsausfall (in engen Grenzen)
- merkantiler Minderwert.

b) Voraussetzungen:

1. Mangel
2. Verschulden des Auftragnehmers (§ 280 Abs. 1 S. 2 BGB)

Hier muss der Auftraggeber keine Frist setzen. Dies wäre sinnlos. Der Schaden ist bereits eingetreten und kann nicht mehr durch Nachbesserung oder Nacherfüllung abgewendet werden.

Beispiel Der Architekt plant fehlerhaft. Nach dieser Planung wird gebaut. Der Fehler der Planungsleistung hat sich bereits im dadurch mangelhaften Bauwerk realisiert. Eine Fristsetzung zur Nacherfüllung wäre sinnlos. Etwas anderes kann bzgl. Planungsleistungen gelten, die für die Nacherfüllung nötig sind.

5.2.8.4 Verzögerungsschaden, §§ 634 Nr. 4, 280 Abs. 2, 286 BGB

Über diese Normen kann der Auftraggeber Ersatz der Schäden fordern, die ihm entstehen, weil der Auftragnehmer mit der Nacherfüllung in Verzug ist.

Soweit der Auftragnehmer mit der Leistung selbst in Verzug ist, gelten die §§ 280 Abs. 2, 286 BGB direkt, da hier kein Sach- oder Rechtsmangel vorliegt.

§ 280 Abs. 2 BGB

Schadensersatz wegen Verzögerung der Leistung kann der Gläubiger nur unter der zusätzlichen Voraussetzung des § 286 verlangen.

§ 286 BGB

(1) Leistet der Schuldner auf eine Mahnung des Gläubigers nicht, die nach dem Eintritt der Fälligkeit erfolgt, so kommt er durch die Mahnung in Verzug. (...)

(2) Der Mahnung bedarf es nicht, wenn

1. *für die Leistung eine Zeit nach dem Kalender bestimmt ist,*
2. *der Leistung ein Ereignis vorauszugehen hat und eine angemessene Zeit für die Leistung in der Weise bestimmt ist, dass sie sich von dem Ereignis an nach dem Kalender berechnen lässt,*
3. *der Schuldner die Leistung ernsthaft und endgültig verweigert,*
4. *aus besonderen Gründen unter Abwägung der beiderseitigen Interessen der sofortige Eintritt des Verzugs gerechtfertigt ist.*

(3) (...)

(4) Der Schuldner kommt nicht in Verzug, solange die Leistung infolge eines Umstands unterbleibt, den er nicht zu vertreten hat.

Fallbeispiel

Die Produktionsanlage

Der Auftragnehmer lieferte und montierte für den Betrieb des Auftraggebers eine Produktionsanlage, die defekt ist. Der Mangel war für den Auftragnehmer nicht erkennbar. Der Auftraggeber setzt dem Auftragnehmer eine angemessene zweiwöchige Frist zur Nacherfüllung.

Der Auftragnehmer lässt zunächst ohne Not einige Tage verstreichen, bevor er mit der Reparatur beginnt, und vollendet die Reparatur deshalb erst vier Tage nach Fristablauf. Solange die Maschine nicht eingesetzt werden konnte, kam es zu einem Produktionsausfall.

Kann der Auftraggeber den infolge der stillstehenden Maschine entgangenen Gewinn ersetzt verlangen?

Schadensersatz wegen Verzögerung der Leistung kann nur verlangt werden, wenn sich AN mit der Nacherfüllung in Verzug befand (§§ 634 Nr. 4, 280 Abs. 2, 286 BGB).

Mit Zugang des Nacherfüllungsverlangens wurde die Nacherfüllung fällig. In der Fristsetzung liegt stets zugleich eine Mahnung im Sinne von § 286 BGB. Der Auftragnehmer hat die Überschreitung der gesetzten Frist zu vertreten, da er fahrlässig zu spät mit der Reparatur begonnen hat.

Bei den Rechtsfolgen ist zu unterscheiden:

Für den Zeitraum vor Ablauf der Frist zur Nacherfüllung (= Verzugseintritt) besteht kein Schadensersatzanspruch des Auftraggebers, da der Mangel für den Auftragnehmer nicht erkennbar war und deshalb kein Verschulden des Auftragnehmers vorliegt.

Für den Zeitraum von vier Tagen nach Ablauf der Frist zur Nacherfüllung (= Verzugseintritt) besteht ein Schadensersatzanspruch des Auftraggebers, da der Auftragnehmer in Verzug war.

5.2.8.5 Ersatz vergeblicher Aufwendungen, §§ 634 Nr. 4, 284 BGB

Es geht dabei um die sogenannten „frustrierten Aufwendungen". Anstelle des Schadensersatzes statt der Leistung kann der Auftraggeber vom Auftragnehmer die Aufwendungen ersetzt verlangen, die er im Vertrauen auf den Erhalt der Leistung gemacht hat und billigerweise machen durfte. Dies gilt dann nicht, wenn deren Zweck auch ohne die Pflichtverletzung des Schuldners nicht erreicht worden wäre.

Beispiel Wenn der Auftraggeber ein Darlehen aufnimmt, um ein Bauvorhaben zu finanzieren, das dann aus vom Auftragnehmer zu vertretenden Gründen nicht realisiert wird, können die Darlehenszinsen vergebliche (frustrierte) Aufwendungen gemäß § 284 BGB sein.

Darunter können auch Notarkosten, Maklerkosten, Kosten für den Grunderwerb, Steuern etc. fallen.

Der Anspruch aus § 284 BGB kann nur alternativ „anstelle" des Anspruchs auf „Schadensersatz statt der Leistung" geltend gemacht werden. Bezüglich der Voraussetzungen gleichen sich die Ansprüche aber. So setzt auch § 284 BGB voraus:

1. Mangel
2. Nacherfüllungsverlangen
3. Verstreichen einer angemessenen Frist zur Nacherfüllung (§ 281 Abs. BGB)
   - ernsthafte und endgültige Leistungsverweigerung durch den Auftragnehmer (§ 281 Abs. 2 BGB)
   - besondere Umstände, die nach Interessenabwägung sofortige Geltendmachung rechtfertigen (§ 281 Abs. 2 BGB)
4. Verschulden des Auftragnehmers (§ 280 Abs. 1 S. 2 BGB)

5.2.8.6 Weitere Schadensersatzansprüche

Das BGB sieht noch eine Reihe weiterer Schadensersatzansprüche vor, die in der Praxis aber durchweg von geringer Bedeutung sind:

- Schadensersatz statt der Leistung wegen Verletzung von Rücksichtsnahmepflichten nach § 241 Abs. 2 BGB kann geschuldet sein, wenn das Integritätsinteresse des Auftraggebers beeinträchtigt wird.
- Schadensersatz wegen vorvertraglicher Pflichtverletzungen nach § 311 Abs. 2 BGB ist geschuldet, wenn Beratungsfehler während der Vertragsverhandlungen zu Schäden führen.
- Schadensersatz statt der Leistung kann geschuldet sein, wenn der Erfüllung des Vertrages von Anfang an ein Leistungshindernis entgegensteht, §§ 634 Nr. 4, 311 a Abs. 2 BGB,
- Schadensersatz statt der Leistung kann ferner geschuldet sein, wenn es nach Vertragsschluss zu einem Ausschluss der Leistungspflicht kommt, §§ 634 Nr. 4, 280 Abs. 3, 283 BGB.

§ 634 Nr. 4 → §§ 280 ff. BGB

Es gilt das allgemeine Schuldrecht des BGB.

Schadensersatz setzt stets Verschulden voraus (§§ 276, 278 BGB)

Unterscheide:

⇒ **_Schadensersatz statt der Leistung – § 281 BGB_**

⇒ **_Schadensersatz neben der Leistung – § 280 Abs. 1 BGB_**

Unterscheide:

⇒ **_Großer Schadensersatz_**

⇒ **_Kleiner Schadensersatz_**

Schadensersatz wegen Verzögerung der Nacherfüllung → § 280 Abs. 2, 286 BGB

5.2.9 Das Leistungsverweigerungsrecht des Auftraggebers bei Mängeln

5.2.9.1 Grundlagen

Noch in der Dynamik des Bauvorhabens selbst ist ein weiteres Mängelrecht des Auftraggebers von großer praktischer Bedeutung. Das Zurückbehaltungsrecht bei Verträgen entspringt einem allgemeinen Grundsatz des Zivilrechts und ist in § 320 BGB ausdrücklich geregelt:

§ 320 BGB

(1) Wer aus einem gegenseitigen Vertrag verpflichtet ist, kann die ihm obliegende Leistung bis zur Bewirkung der Gegenleistung verweigern, es sei denn, dass er vorzuleisten verpflichtet ist. (...)

(2) Ist von der einen Seite teilweise geleistet worden, so kann die Gegenleistung insoweit nicht verweigert werden, als die Verweigerung nach den Umständen, insbesondere wegen verhältnismäßiger Geringfügigkeit des rückständigen Teiles, gegen Treu und Glauben verstoßen würde.

5.2.9.2 Leistungsverweigerungsrecht vor Abnahme

Im Bauvertrag kann der Auftraggeber Abschlagszahlungen zurückbehalten, wenn die entsprechenden Teilleistungen des Auftragnehmers mangelhaft sind. Der Auftraggeber ist insoweit nicht vorleistungspflichtig.

5

5.2.9.3 Leistungsverweigerungsrecht nach der Abnahme

Für den Zeitraum nach der Abnahme sieht das Werkvertragsrecht eine eigenständige Regelung vor, in welchem Umfang der Auftraggeber bei Mängeln des Werks Zahlungen zurückhalten kann.

§ 641 Abs. 3 BGB

Kann der Besteller die Beseitigung eines Mangels verlangen, so kann er nach der Fälligkeit die Zahlung eines angemessenen Teils der Vergütung verweigern; angemessen ist in der Regel das Doppelte der für die Beseitigung des Mangels erforderlichen Kosten.

Das Leistungsverweigerungsrecht aus § 641 Abs. 3 BGB wird auch als „Druckzuschlag“ bezeichnet. Der Auftragnehmer soll auf diesem Weg zur zügigen Mangelbeseitigung angehalten werden. Der Druckzuschlag betrug bis zum Inkrafttreten des Forderungssicherungsgesetzes (FoSiG) zum 1. Januar 2009 „mindestens das Dreifache“ der für die Beseitigung des Mangels erforderlichen Kosten.

Die Darlegungs- und Beweislast für die Höhe der voraussichtlichen Mangelbeseitigungskosten trägt der Auftragnehmer, obwohl es sich um eine Einwendung des Auftraggebers handelt. Dies wird damit begründet, dass der Auftragnehmer größere Sachnähe zur Mängelbeseitigung hat und über die Art und Weise der Nacherfüllung entscheidet. Der Auftraggeber muss deshalb zunächst nur grob schätzen und kann seinen Einbehalt in einem etwaigen Prozess ggf. nach unten anpassen, ohne Nachteile zu haben.

Im Einzelfall kann auch ein deutlich höherer Druckzuschlag angemessen sein:

- bei geringfügigen Mängelbeseitigungskosten,
- bei Ungewissheit über die Mängelursache und die Höhe der Mängelbeseitigungskosten,
- bei bereits gescheiterten Mängelbeseitigungsversuchen des AN.

Fallbeispiel

Das Hallendach (nach OLG Oldenburg IBR 1995, 470):
Der Auftragnehmer errichtet eine Halle. Das Dach ist undicht, wobei zunächst für beide Parteien die Ursache unklar ist. Der Auftragnehmer unternimmt zwei erfolglose Nachbesserungsversuche. Erst der dritte Versuch führt zum Erfolg, wobei die Beseitigungskosten etwa EUR 1.000,00 betragen. Der Auftraggeber hatte bis zwei Monate nach dem dritten Versuch den gesamten Restwerklohn von EUR 21.000,00 einbehalten. War dies berechtigt?

Der Einbehalt beträgt nur „in der Regel“ das Doppelte der Mangelbeseitigungskosten. In diesem Fall durfte der Auftraggeber mehr einbehalten, da die Ursache und damit die Höhe der Mangelbeseitigungskosten völlig offen war. Der Auftraggeber durfte nach dem dritten Nachbesserungsversuch noch einen angemessenen Zeitraum abwarten, um zu sehen, ob das Dach dicht bleiben würde. Für diesen Zeitraum schuldet er deshalb auch keine Verzugszinsen.

5

MÄNGELRECHTE NACH BGB-WERKVERTRAGSRECHT

⇒ vor Abnahme → §§ 280 ff., 323ff. BGB

⇒ nach Abnahme → § 634 BGB

1. Stufe: Nacherfüllung

2. Stufe: weitere Mängelrechte

Selbstvornahme/Aufwendungsersatz (Vorschuss)

Rücktritt/Minderung

Schadensersatz oder Ersatz vergeblicher Aufwendungen

Leistungsverweigerungsrechte

⇒ vor Abnahme → § 320 BGB

⇒ nach Abnahme → § 641 Abs. 3 BGB

5.3 Mängelrechte nach VOB/B

Im Unterschied zum BGB-Vertrag regelt die VOB/B ausdrücklich auch Rechte des Auftraggebers, wenn das Werk vor der Abnahme mangelhaft ist:

MÄNGELRECHTE

⇒	***Mängelrechte vor der Abnahme***	→	***§ 4 VOB/B***
⇒	***Mängelrechte nach der Abnahme***	→	***§ 13 VOB/B***

5.3.1 Rechte des Auftraggebers vor der Abnahme

5.3.1.1 Pflicht zur Beseitigung vertragswidriger Stoffe/Bauteile, § 4 Nr. 6 VOB/B

§ 4 Abs. 6 VOB/B. Ausführung

Stoffe oder Bauteile, die dem Vertrag oder den Proben nicht entsprechen, sind auf Anordnung des Auftraggebers innerhalb einer von ihm bestimmten Frist von der Baustelle zu entfernen. Geschieht es nicht, so können sie auf Kosten des Auftragnehmers entfernt oder für seine Rechnung veräußert werden.

Wenn also der Auftragnehmer zum Beispiel fehlerhaftes Material, nicht die bestellte Ausführung, insgesamt vertragswidrige Fabrikate auf die Baustelle bringt, kann der Auftraggeber deren Entfernung anordnen und nach Ablauf einer hierzu gesetzten Frist die Sachen selbst entfernen (lassen) und für Rechnung des Auftragnehmers veräußern. Der Auftragnehmer hat im Gegenzug Anspruch auf Auskunftserteilung und Rechnungslegung. Das BGB-Werkvertragsrecht kennt keine entsprechende Regelung.

5.3.1.2 Anspruch auf Mängelbeseitigung, § 4 Abs. 7 S. 1 VOB/B

Dem Auftraggeber steht auch schon während der Ausführung ein Mangelbeseitigungsanspruch zu.

Voraussetzung

Eine Leistung des Auftragnehmers wird schon während der Ausführung als mangelhaft oder vertragswidrig erkannt.

Rechtsfolge

Der Auftragnehmer muss die Leistung auf eigene Kosten durch eine mangelfreie Leistung ersetzen. Dies beinhaltet Transportkosten, Gutachter- und Koordinierungskosten, Kosten für Sicherungs- und Bewachungsmaßnahmen sowie ggf. auch gewerkfremde Vor- und Nacharbeiten (Eingriffe in andere Bauteile).

Im Ausnahmefall kann es ein Weigerungsrecht des Auftragnehmers bei Unverhältnismäßigkeit der Nachbesserungskosten geben, zum Beispiel wenn ein gleichwertiges, jedoch nicht vereinbartes Fabrikat eingebaut wurde. Eine Ausnahme kann auch dann gelten, wenn die Leistung dadurch mangelhaft geworden ist, dass sie auf der Leistung eines selbstständig arbeitenden Vorunternehmers aufbaut und der Auftragnehmer die Mangelhaftigkeit oder jedenfalls Ungeeignetheit der Vorleistung nicht erkennen konnte. Der Auftragnehmer muss allerdings bis zur Abnahme des Werkes beweisen, dass der Mangel für ihn nicht erkennbar war (OLG Celle IBR 2003, 412).

Vor der Abnahme hat der Auftraggeber nur Anspruch auf Mangelbeseitigung. Der Auftraggeber darf den Mangel auch dann nicht selbst beseitigen, wenn der Auftragnehmer nichts unternimmt. Das Recht zur Selbstvornahme entsteht erst nach Kündigung des Auftrags unter den Voraussetzungen des § 8 Abs. 3 VOB/B.

5.3.1.3 Schadensersatz vor Abnahme, § 4 Abs. 7 S. 2 VOB/B

Wenn vor Abnahme ein Mangel nach § 4 Abs. 7 S. 1 VOB/B vorliegt **und** der Auftragnehmer den Mangel oder die Vertragswidrigkeit zu vertreten hat, muss er nicht nur den Mangel beseitigen, sondern darüber hinaus auch dem Auftraggeber den daraus entstehenden Schaden ersetzen.

Umfasst sind alle unmittelbaren und mittelbaren Schäden, die dem Auftraggeber nach durchgeführter Mangelbeseitigung noch als Begleit- oder Folgeschäden verbleiben:

- Mietausfall
- erhöhte Finanzierungskosten
- Mehrkosten wegen Behinderung von Folgegewerken
- entgangener Gewinn aus beabsichtigter Veräußerung des Bauwerks
- entgangene eigene Nutzungsmöglichkeit bei selbst genutztem Wohnraum.

5.3.1.4 Auftragsentziehung, § 4 Abs. 7 S. 3 VOB/B

Wie bereits ausgeführt, steht dem Auftraggeber vor Abnahme kein Selbstvornahmerecht zu. Der Auftraggeber kann den Vertrag aber kündigen, wenn der Auftragnehmer den Mangel nicht binnen der gesetzten Frist beseitigt.

§ 4 Abs. 7 Satz 3 VOB/B

Kommt der Auftragnehmer der Pflicht zur Beseitigung des Mangels nicht nach, so kann ihm der Auftraggeber eine angemessene Frist zur Beseitigung des Mangels setzen und erklären, dass er ihm nach fruchtlosem Ablauf der Frist den Auftrag entziehe (§ 8 Abs. 3).

§ 8 Abs. 3 Nr. 1 VOB/B

Der Auftraggeber kann den Vertrag kündigen, wenn in den Fällen des § 4 Abs. 7 und 8 Nr. 1 und des § 5 Abs. 4 die gesetzte Frist fruchtlos abgelaufen ist (Entziehung des Auftrags). Die Entziehung des Auftrags kann auf einen in sich abgeschlossenen Teil der vertraglichen Leistung beschränkt werden.

Voraussetzungen:

1. Mangel des Werkes (Verschulden nicht erforderlich),
2. Aufforderung zur Mangelbeseitigung (AN muss zweifelsfrei ersehen können, welche Leistung von ihm gefordert wird),
3. Angemessene Frist zur Mangelbeseitigung **und** zugleich Androhung der Auftragsentziehung.

Rechtsfolge

1. Auftragsentziehung
2. Nach der Entziehung des Auftrags ist der Auftraggeber berechtigt, den noch nicht vollendeten Teil der Leistung zulasten des Auftragnehmers durch einen Dritten ausführen lassen. Hierfür kann der Auftraggeber auch Vorschuss fordern.
   Alternativ kann er auch auf die weitere Ausführung verzichten und Schadensersatz wegen Nichterfüllung verlangen, wenn die Ausführung aus den Gründen, die zur Entziehung des Auftrags geführt haben, für ihn kein Interesse mehr hat.
3. In jedem Fall muss der Auftragnehmer den gesamten, sich aus der Kündigung und der Ersatzvornahme ergebenden Schaden ersetzen.
4. Der Anspruch des Auftraggebers aus § 4 Abs. 7 VOB/B auf Beseitigung von Mängeln für die vor Vertragsbeendigung erbrachten Leistungen bleibt bestehen.

5.3.1.5 Einbehalt von Zahlungen

Wenn dem Auftraggeber Mangelbeseitigungsansprüche nach § 4 Abs. 7 VOB/B zustehen, kann er an sich fällige Abschlagszahlungen zurückhalten. Die Mängel begründen ein Zurückbehaltungsrecht nach § 320 BGB.

RECHTE DES AUFTRAGGEBERS VOR DER ABNAHME

⇒ ***Beseitigung vertragswidriger Stoffe/Bauteile, § 4 Abs. 6 VOB/B***

⇒ ***Mängelbeseitigung, § 4 Abs. 7 Satz 1 VOB/B***

⇒ ***Schadensersatz (bei Verschulden), § 4 Abs. 7 Satz 2 VOB/B***

⇒ ***Auftragsentziehung, § 4 Abs. 7 Satz 3 VOB/B***

⇒ ***Einbehalt von Abschlagszahlungen***

5.3.2 Rechte des Auftraggebers nach der Abnahme

5.3.2.1 Mängelbeseitigung, § 13 Abs. 5 Nr. 1 VOB/B

Der Auftragnehmer ist verpflichtet, alle während der Verjährungsfrist hervortretenden Mängel, die auf vertragswidrige Leistung zurückzuführen sind, auf seine Kosten zu beseitigen, wenn es der Auftraggeber vor Ablauf der Frist schriftlich verlangt.

5

Voraussetzungen:

1. Mangelhafte Leistung
   Mangel ist auf eine vertragswidrige Leistung zurückzuführen (regelmäßig indiziert, außer bei Abnutzung/Verschleiß)
2. Mangel während Verjährungszeit aufgetreten
3. Aufforderung zur Mangelbeseitigung (Beschreibung des Mangels nach äußerem Erscheinungsbild und Lage – Symptomrechtsprechung)

Beispiel Risse im Mauerwerk der westlichen Giebelwand, etwa in 3 Meter Höhe, Länge 25–30 cm, waagerechter Verlauf, unterhalb der Fensterbänke des ersten Obergeschosses.

Schriftform

Die VOB/B sieht vor, dass die Aufforderung schriftlich erfolgen muss. Auch eine mündliche oder sonstige Aufforderung ist indes wirksam. Allerdings sollte die Schriftform stets gewahrt werden, da dadurch zunächst die Nachweisbarkeit erleichtert wird. Darüber hinaus führt nur eine schriftliche Mängelrüge zur Verlängerung der Verjährung der Mängelansprüche.

Ausnahme

Die Aufforderung kann im Ausnahmefall entbehrlich sein, wenn

- der Auftragnehmer die Leistung ernsthaft und endgültig verweigert;
- die Beseitigung des Mangels für den Auftraggeber unzumutbar ist;
- die Beseitigung des Mangels unmöglich ist;
- Gefahr in Verzug gegeben ist (Beweislast AG).

Beispiel Behörde droht am Freitag mit der Schließung eines Metzgerei-Imbisses am nächsten Dienstag, wenn bestimmte Mängel nicht bis dahin beseitigt werden (BGH IBR 2002, 189).

Achtung: Die Betriebsaufgabe oder die Eröffnung eines Insolvenzverfahrens macht die Fristsetzung nicht entbehrlich, da der Auftragnehmer oder der Liquidator/Insolvenzverwalter die Mängel auch durch einen Dritten beseitigen lassen kann.

Rechtsfolge

Der Auftragnehmer muss die Mängel beseitigen. Im Ausnahmefall kann der Auftraggeber statt der Mangelbeseitigung eine Minderung des Werklohns geltend machen. Nach § 13 Abs. 6 VOB/B ist dies dann der Fall, wenn

- die Beseitigung des Mangels für den Auftraggeber unzumutbar ist;
- die Beseitigung des Mangels unmöglich ist;
- die Beseitigung des Mangels einen unverhältnismäßig hohen Aufwand erfordert und sie deshalb vom Auftragnehmer verweigert wird.

5.3.2.2 Kostenerstattungsanspruch, § 13 Abs. 5 Nr. 2 VOB/B

Nach Abnahme hat der Auftraggeber wie auch im BGB-Vertrag das Recht zur Ersatzvornahme. Kommt der Auftragnehmer der Aufforderung zur Mängelbeseitigung in einer vom Auftraggeber gesetzten angemessenen Frist nicht nach, so kann der Auftraggeber die Mängel auf Kosten des Auftragnehmers beseitigen lassen.

Voraussetzungen

1. Mangel des Werks
2. Mangelbeseitigungsaufforderung
3. Verstreichen einer vom Auftraggeber gesetzten angemessenen Frist

Rechtsfolgen

Der Auftraggeber kann vom Auftragnehmer die für die Mangelbeseitigung erforderlichen Aufwendungen verlangen. Das Prognoserisiko für erfolglose Reparaturversuche trägt der Auftragnehmer. Zudem gilt § 637 Abs. 3 BGB: Der Auftraggeber kann Vorschuss fordern.

5.3.2.3 Minderung der Vergütung § 13 Abs. 6 VOB/B

§ 13 Abs. 6 VOB/B

Ist die Beseitigung des Mangels für den Auftraggeber unzumutbar oder ist sie unmöglich oder würde sie einen unverhältnismäßig hohen Aufwand erfordern und wird sie deshalb vom Auftragnehmer verweigert, so kann der Auftraggeber durch Erklärung gegenüber dem Auftragnehmer die Vergütung mindern (§ 638 BGB).

Voraussetzungen – alternativ:

- die Beseitigung des Mangels ist für den Auftraggeber unzumutbar;
- die Beseitigung des Mangels ist unmöglich;
- die Beseitigung des Mangels erfordert einen unverhältnismäßig hohen Aufwand und der Auftragnehmer verweigert sie deshalb.

Es ist weder eine Fristsetzung noch ein Verschulden erforderlich.

Aus Sicht des Auftraggebers kann die Mangelbeseitigung zum Beispiel unzumutbar sein, wenn

- das Bauvorhaben bereits mit einem Preisabschlag wegen der Mängel veräußert wurde;
- mehrfache Nachbesserungsversuche des Auftragnehmers erfolglos blieben.

Unmöglich kann die Beseitigung sowohl aus technischer wie auch aus rechtlicher Sicht sein.

5

Ob eine Mangelbeseitigung unzumutbar ist, muss im Einzelfall entschieden werden. Dabei wird das objektiv berechtigte Interesse des Auftraggebers an der Mangelbeseitigung ebenso wie der Grad des Verschuldens des Unternehmers an der Entstehung des Mangels berücksichtigt.

- Mangelhafte Ausführung der Bodenplatte wegen nicht verschlossener Aussparungen. Zukünftige Feuchtigkeitsschäden sind unwahrscheinlich: Mängelbeseitigungskosten von 160.000 DM unverhältnismäßig (OLG Celle IBR 2003, 14) → Minderung
- Straßenbahngleise sind mit einer geringeren als der vereinbarten Einfederungstiefe verlegt. Folge: nachteilige Körperschallemissionen für die Anwohner. Kosten der Mängelbeseitigung sind höher als die der ursprünglichen Herstellung (OLG Karlsruhe/BGH IBR 2006, 19) → Keine Minderung
- Tiefgaragendecke wird in Beton der Güteklasse B 25 statt B 35 ausgeführt, ohne dass die konkrete Nutzung beeinträchtigt wird (BGH IBR 2003, 187) → Minderung

5.3.2.4 Schadensersatz, § 13 Abs. 7 VOB/B

In § 13 Abs. 7 VOB/B ist die – verschuldensabhängige – Haftung des Auftragnehmers für alle mängelbedingten weiteren Schäden des Auftraggebers geregelt. Dabei gilt eine abgestufte Haftung. Die sehr umfangreiche Vorschrift hat folgende Systematik:

Nr. 1: Schadensersatz bei Verletzung von Leben, Körper, Gesundheit

Nr. 2: Schadensersatz für vorsätzlich oder grob fahrlässig verursachte Mängel

Nr. 3: Schadensersatz „im Übrigen"
„kleiner Schadensersatz", Nr. 3 Satz 1
„großer Schadensersatz", Nr. 3 Satz 2

Stets ist Verschulden des Auftragnehmers erforderlich!

Nr. 1

Der Auftragnehmer haftet bei schuldhaft verursachten Mängeln für Schäden aus der Verletzung des Lebens, des Körpers oder der Gesundheit. Dies stellt eine unbeschränkte Haftung für schuldhafte Verletzung höchstpersönlicher Rechtsgüter dar.

Nr. 2

Bei vorsätzlich oder grob fahrlässig verursachten Mängeln haftet der Auftragnehmer für alle Schäden. Auch hier haftet der Auftragnehmer unbeschränkt.

Grobe Fahrlässigkeit liegt vor, wenn der Auftragnehmer die im Verkehr erforderliche Sorgfalt in ungewöhnlich hohem Maße verletzt – weil er dasjenige nicht beachtet, was sich jedem aufgedrängt hätte.

Beispiele
- Nichteinhaltung der Tragwerksplanung,
- Nichtausführung einer Absturzsicherung,
- Auftragnehmer verfüllt einen im Boden liegenden Öltank mit scharfkantigem Schotter, wodurch Undichtigkeit des Tanks eintritt.

Nr. 3

Dies stellt gewissermaßen die Grundnorm bzw. den Auffangtatbestand der mängelbedingten Schadensersatzansprüche dar. Tatsächlich enthält die Vorschrift zwei Ansprüche, die unterschiedliche Schäden betreffen und auch unterschiedliche Voraussetzungen haben. Der „kleine" Schadensersatz betrifft die „unmittelbaren Mangelfolgeschäden", der „große" Schadensersatz die Schäden „außerhalb" der baulichen Anlage.

§ 13 Abs. 7 Nr. 3 VOB/B

Im Übrigen ist dem Auftraggeber der Schaden an der baulichen Anlage zu ersetzen, zu deren Herstellung, Instandhaltung oder Änderung die Leistung dient, wenn ein wesentlicher Mangel vorliegt, der die Gebrauchsfähigkeit erheblich beeinträchtigt und auf ein Verschulden des Auftragnehmers zurückzuführen ist. Einen darüber hinausgehenden Schaden hat der Auftragnehmer nur dann zu ersetzen,

a) wenn der Mangel auf einem Verstoß gegen die anerkannten Regeln der Technik beruht,

b) wenn der Mangel in dem Fehlen einer vertraglich vereinbarten Beschaffenheit besteht oder

c) soweit der Auftragnehmer den Schaden durch Versicherung seiner gesetzlichen Haftpflicht gedeckt hat oder durch eine solche zu tarifmäßigen, nicht auf außergewöhnliche Verhältnisse abgestellten Prämien und Prämienzuschlägen bei einem im Inland zum Geschäftsbetrieb zugelassenen Versicherer hätte decken können.

„Kleiner Schadensersatz"

→ Schäden an der vom Auftragnehmer erbrachten Bauleistung sowie Schäden, die hiermit im Zusammenhang stehen („unmittelbare Mangelfolgeschäden").

Beispiele

- Geminderter Nutzungs- oder Verkehrswert
- Mehrkosten wegen erhöhten Energieverbrauchs
- Kosten zur Schadensminderung
- Gutachterkosten zur Schadensermittlung
- Mietausfälle und Zinsverluste

5

Voraussetzungen:

1. Wesentlicher Mangel
   - nicht nur unbedeutende Abweichung vom vertraglichen Leistungsziel
   - objektive und subjektive Kriterien – Einzelfallbeurteilung
2. Erhebliche Beeinträchtigung der Gebrauchsfähigkeit
   - gewisser Schweregrad
   - Rückgriff vor allem auf die nach dem Vertrag vorausgesetzte oder die gewöhnliche Verwendung
3. Verschulden des AN (Vorsatz oder Fahrlässigkeit).

„Großer Schadensersatz"

→ Schaden „außerhalb" der baulichen Anlage

Beispiele

- Schäden an Einrichtungsgegenständen Dritter (Mobiliar)
- Kosten eines Vorprozesses des AG gegen einen Dritten (z. B. anderen AN), die entstanden sind, weil AN seine Einstandspflicht zunächst geleugnet hatte
- Rückgängigmachung des Vertrages (z. B. beim Bauträgervertrag)

Voraussetzungen:

1. Wesentlicher Mangel
   - nicht nur unbedeutende Abweichung vom vertraglichen Leistungsziel
   - objektive und subjektive Kriterien – Einzelfallbeurteilung
2. Erhebliche Beeinträchtigung der Gebrauchsfähigkeit
   - gewisser Schweregrad
   - Rückgriff vor allem auf die nach dem Vertrag vorausgesetzte oder die gewöhnliche Verwendung
3. Verschulden des AN (Vorsatz oder Fahrlässigkeit).
4. zusätzlich eine der drei Tatbestandsvarianten des § 13 Abs. 7 Nr. 3 Satz 2:
   - Verstoß gegen die anerkannten Regeln der Technik
   - Fehlen einer vertraglich vereinbarten Beschaffenheit oder
   - versicherter oder versicherbarer Schaden

Kein Rücktritt beim VOB/B-Vertrag!

Im Unterschied zum BGB-Vertrag ist im VOB/B-Vertrag ein Rücktritt vom Vertrag nicht möglich. Grund hierfür ist die tatsächlich wie rechtlich äußerst schwierige Rückabwicklung von Bauverträgen. Der Auftraggeber kann die Bauleistung deshalb in der Regel nicht als Ganzes zurückweisen. Die Nachbesserung hat Vorrang. Ein Schadensausgleich findet über eine Anrechnung des Wertes der mangelhaften Leistung statt. Eine Ausnahme kann gelten, wenn alle Voraussetzungen des großen Schadensersatzes nach § 13 Abs. 7 Nr. 3 Satz 2 vorliegen (OLG Düsseldorf IBR 2006, 325).

5.3.3 Ausschluss der Mängelhaftung nach § 13 Abs. 3 VOB/B

Grundsätzlich haftet der Auftragnehmer auch für Mängel, die

- auf die Leistungsbeschreibung oder auf Anordnungen des Auftraggebers, oder
- auf die von diesem gelieferten oder vorgeschriebenen Stoffe oder Bauteile, oder
- auf die Beschaffenheit der Vorleistung eines anderen Unternehmers,

zurückzuführen sind. Diesen Mängelansprüchen des Auftraggebers kann der Auftragnehmer aber dann erfolgreich entgegen treten, wenn er die ihm nach § 4 Abs. 3 VOB/B obliegende Mitteilung gemacht hat:

§ 4 Abs. 3 VOB/B

> *Hat der Auftragnehmer Bedenken gegen die vorgesehene Art der Ausführung (auch wegen der Sicherung gegen Unfallgefahren), gegen die Güte der vom Auftraggeber gelieferten Stoffe oder Bauteile oder gegen die Leistungen anderer Unternehmer, so hat er sie dem Auftraggeber unverzüglich – möglichst schon vor Beginn der Arbeiten – schriftlich mitzuteilen; der Auftraggeber bleibt jedoch für seine Angaben, Anordnungen oder Lieferungen verantwortlich.*

Die Bedenken muss der Auftragnehmer grundsätzlich dem Auftraggeber mitteilen. Nicht ausreichend ist es, dem Bauleiter oder Polier zum Beispiel des Generalunternehmers zu informieren. Der Architekt ist nur dann richtiger Adressat, wenn er bauvertraglich ausdrücklich dazu bestimmt ist. Dies gilt aber auch dann nicht, wenn sich die Bedenken auf die Leistung des Architekten beziehen und dieser sich den Bedenken verschließt (OLG Celle IBR 2004, 685). Es empfiehlt sich deshalb, stets – auch – den Auftraggeber zu informieren.

Die Bedenkenanzeige muss schriftlich erfolgen!

Achtung: Wenn der Auftragnehmer seine Leistung bewusst und damit vorsätzlich entgegen den anerkannten Regeln der Technik ausführt, kann er seinen Versicherungsschutz verlieren. Wenn hierdurch ein Schaden – zum Beispiel ein Unfall eines Dritten – entsteht, haftet er – trotz Bedenkenanzeige – zunächst selbst.

Fallbeispiel

Die Fensterabdichtung (nach OLG Düsseldorf IBR 2008, 432):
Ein Auftragnehmer hat Putzarbeiten übernommen. Der Fensterbauer hat es unterlassen, eine Abdichtung zwischen Fenster und Außenmauerwerk (Dampfdiffusionsabdichtung) anzubringen. Deshalb kommt es später - trotz der an sich mangelfreien Putzarbeiten - zu Feuchteschäden.

Der Auftragnehmer haftet. Er durfte mit seinen Arbeiten nicht ohne Hinweis an den Auftraggeber auf das Fehlen der Abdichtung beginnen. Die Unterlassung der Überprüfung und eines entsprechenden Hinweises verpflichtet den Auftragnehmer zu Schadensersatz, selbst wenn er sein Gewerk selbst mangelfrei erbringt. Da der Fensterbauer kein Erfüllungsgehilfe des Auftraggebers ist, kann sich der Auftragnehmer nicht auf ein Mitverschulden bzw. eine Mitverursachung berufen.

Mängelbeseitigung	***§ 13 Abs. 5 Nr. 1 VOB/B***
Kostenerstattung	***§ 13 Abs. 5 Nr. 2 VOB/B***
Minderung	***§ 13 Abs. 6 VOB/B***
Schadensersatz	***§ 13 Abs. 7 VOB/B***
	Nr. 1: Leben/Körper/Gesundheit
	Nr. 2: Vorsatz/grobe Fahrlässigkeit
	Nr. 3: „im Übrigen" kleiner/großer Schadensersatz

KEIN RÜCKTRITT BEIM VOB/B-VERTRAG

AUSSCHLUSS DER MÄNGELHAFTUNG, § 13 ABS. 3, § 4 ABS. 3 VOB/B

5.4 Exkurs: Haftung des Baustoffhändlers für Aus- und Einbaukosten?

Im Verhältnis Auftragnehmer - Baustofflieferant gilt in der Regel Kaufrecht und Handelsrecht. Spezifisch baurechtlich wird es aber immer dann, wenn mangelhafte Baustoffe eingebaut werden.

Fallbeispiel

Die Parkettstäbe (nach BGH IBR 2008, 506)
V verkauft dem K mangelhafte Parkettstäbe. K lässt diese auf eigene Kosten verlegen. Im Rahmen der Nacherfüllung muss V neue Parkettstäbe liefern. Muss der V auch die Kosten der Neuverlegung bezahlen?

Für die Kosten der Neuverlegung mangelfreier Parkettstäbe haftet V nur unter dem Gesichtspunkt des Schadensersatzes. Dies setzt voraus, dass der V die in der mangelhaften Lieferung liegende Pflichtverletzung zu vertreten (Verschulden) hat, was im entschiedenen Fall verneint wurde.

In einem vergleichbar gelagerten Fall hatte das OLG Frankfurt (IBR 2008, 507) eine verschuldensunabhängige Haftung des Baustoffhändlers für den *Ausbau* einer bereits eingebauten Sache angenommen. Dies ist jedoch streitig. Der BGH hatte das Revisionsverfahren ausgesetzt und die Frage dem Europäischen Gerichtshof zur Vorabentscheidung vorgelegt. Nach der Entscheidung des EuGH vom 16. Juni 2011 haftet der Verkäufer gegenüber einem Verbraucher (Verbrauchsgüterkauf) sowohl für Ausbau der mangelhaften Sache als auch für den Einbau der Nachlieferung – er kann die entsprechenden Kosten allerdings in AGB auf einen „angemessenen Betrag" begrenzen.

5.5 Verjährung der Mängelrechte

5.5.1 Verjährung nach BGB Werkvertragsrecht

5.5.1.1 Art der Leistung

Wann ein werkvertraglicher Anspruch verjährt, hängt zunächst davon ab, in welche Kategorie die beauftragte Werkleistung des Auftragnehmers fällt:

§ 634a Abs. 1 BGB

Die in § 634 Nr. 1, 2 und 4 bezeichneten Ansprüche verjähren

1. *vorbehaltlich der Nummer 2 in zwei Jahren bei einem Werk, dessen Erfolg in der Herstellung, Wartung oder Veränderung einer Sache oder in der Erbringung von Planungs- oder Überwachungsleistungen hierfür besteht,*
2. *in fünf Jahren bei einem Bauwerk und einem Werk, dessen Erfolg in der Erbringung von Planungs- oder Überwachungsleistungen hierfür besteht, und*
3. *im Übrigen in der regelmäßigen Verjährungsfrist.*

5

a) Bauwerke

Für das Bauvertragsrecht wird meist die Fünfjahresfrist aus § 634a Abs. 1 Nr. 2 BGB relevant werden.

Ein Bauwerk ist eine ortsfest angebrachte, durch Verwendung von Arbeit und Material in Verbindung mit dem Erdboden hergestellte Sache – sie muss von Gewicht, Größe und Lebensdauer einem Gebäude vergleichbar sein.

Beispiele

- Gebäude, Brücken, Straßen, Kanäle, Leitungsmasten, Stützen einer Seilbahn, Gleisanlagen oder Denkmäler, Müllpresse …
- Ein Zirkuszelt wird massiv im Boden verankert und zu einer auf Dauer angelegten ortsfesten Nutzung als Reithalle aufgestellt (OLG Hamm/BGH IBR 2008, 23).
- Ein Behälter wird als Bauteil einer Produktionsanlage für Biodiesel hergestellt, der Bestandteil der als Bauwerk aufzufassenden Werkhalle ist (OLG Brandenburg IBR 2007, 629).

Dagegen fehlt es bei bloßen Abbrucharbeiten oder der Beseitigung von Altlasten am Tatbestandsmerkmal des Bauwerks.

b) Herstellung, Wartung oder Veränderung einer Sache

Bei Sachen, die keine Bauwerke sind, verjähren die Mängelansprüche in zwei Jahren. Dies gilt etwa für die Reparatur und Wartung von Kfz, Maschinen, Bürotechnik etc.

Unter die kurze zweijährige Frist fallen auch Ansprüche für Arbeiten an einem Grundstück, die nach dem bis zur Schuldrechtsreform am 1. Januar 2002 geltenden Recht binnen eines Jahres verjährten. Die Abgrenzung ist nicht immer trennscharf. Ein Anhaltspunkt kann die Bedeutung der Arbeiten für Konstruktion, Bestand und Benutzbarkeit des Gebäudes sein. So können Malerarbeiten lediglich im Innenbereich eines Gebäudes als Arbeiten an einem Grundstück zu beurteilen sein, für die die kurze Verjährung gilt, während bei umfassenden bzw. bauwerkserhaltenden Malerarbeiten im Innen- und Außenbereich Arbeiten an einem Bauwerk vorliegen können, für die die Fünfjahresfrist gilt (LG Berlin IBR 2008, 386).

c) Sonstige Werke

Als Auffangtatbestand fungiert die Regelung in § 634a Abs. 1 Nr. 3 BGB, die auf die regelmäßige Verjährungsfrist der §§ 195, 199 BGB verweist. Die regelmäßige Verjährungsfrist beträgt drei Jahre. Die regelmäßige Verjährungsfrist beginnt mit dem Schluss des Jahres, in dem der Anspruch entstanden ist und der Gläubiger davon erfährt. Maximal läuft die Verjährung 10 bzw. 30 Jahre.

Beispiele

- Gutachten
- Transportleistungen
- Gebisssanierung

5.5.1.2 Beginn der Verjährung

Die Verjährungsfrist beginnt in den Fällen der § 634a Abs. 1 Nr. 1 und 2 BGB mit der Abnahme zu laufen.

5.5.1.3 Sonderfall Arglist

Unter bestimmten Voraussetzungen können Mängelansprüche auch noch nach Ablauf der Zwei- bzw. Fünfjahresfrist geltend gemacht werden. Dies ist dann der Fall, wenn der Auftragnehmer den Mangel arglistig verschweigt. Es gilt dann die regelmäßige Verjährungsfrist der §§ 195, 199 BGB, die aber jedenfalls nicht vor Ablauf der Fünfjahresfrist endet. Die Frist beginnt mit der Entdeckung des Mangels.

Arglist liegt dann vor, wenn sich der Auftragnehmer des Mangels und der diesbezüglichen Unkenntnis des Auftraggebers bewusst ist. Dies muss aber der Auftraggeber darlegen und beweisen.

Fallbeispiel

Die Vollwärmeisolierung (nach BGH IBR 2002, 468)

Ein Bauherr lässt sein Haus vollständig isolieren. Der Auftragnehmer soll die Isolierung nach der „Wulst-Punkt-Methode" mit Nylongitter ausführen. Tatsächlich hat der Auftragnehmer für die Armierung in den Unterputz aber kein Gittergewebe eingelegt, sondern einen neuartigen Faserspachtel verwendet. Nach Ablauf der Verjährungsfristen zeigen sich an der Isolierung Mängel, die bei Einbau des Gittergewebes als Armierung nicht aufgetreten wären.

Der Auftragnehmer beruft sich erfolglos auf Verjährung. Wer andere als die vereinbarten Baustoffe einbaut oder bewusst abweichend vom Vertrag einen nicht erprobten Baustoff verwendet, ohne den Auftraggeber darauf hinzuweisen und über die Risiken aufzuklären, handelt arglistig. Die Verjährung begann deshalb erst mit Kenntnis vom Mangel zu laufen.

5.5.1.4 Sonderfall Organisationsverschulden

Die Rechtsprechung hat einen weiteren Ausnahmefall entwickelt, in dem trotz Ablauf der regulären Gewährleistungsfristen noch Mängelansprüche geltend gemacht werden können. Angesprochen ist das sog. Organisationsverschulden. Liegt ein solches vor, gilt ebenfalls die regelmäßige Verjährungsfrist der §§ 195, 199 BGB, die erst mit Kenntnis vom Mangel zu laufen beginnt. Diese Fallgruppe trägt dem Umstand Rechnung, dass Auftragnehmer selbst arbeitsteilig tätig sind. Daraus folgt ihre **Organisationspflicht**. Danach muss sein Werk vor der Abnahme auf Mängelfreiheit überprüft werden, d. h., die hierfür erforderlichen organisatorischen Voraussetzungen müssen geschaffen werden. Eine Verletzung dieser Pflicht liegt vor, wenn der Mangel bei richtiger Organisation entdeckt worden wäre. Dann ist der Auftraggeber so zu stellen, als wäre der Mangel dem Auftragnehmer bei Ablieferung des Werkes bekannt gewesen (BGH IBR 1992, 131). Dies führt wiederum zur Arglisthaftung.

Der Auftragnehmer kann sich z. B. damit entlasten, dass er vorträgt, seinen Nachunternehmer sorgfältig ausgesucht zu haben. Eine Zurechnung des Verschuldens des Nachunternehmers über § 278 BGB findet gerade nicht statt (BGH IBR 2008, 17).

Die Fallgruppe des Organisationsverschuldens wird von der jüngeren Rechtsprechung zunehmend restriktiv gehandhabt. Auch ein schwerer Mangel ist danach noch nicht zwingend ein Indiz für die Annahme eines Organisationsverschuldens (BGH IBR 2010, 574). In der Praxis spielt die Frage des Organisationsverschuldens häufig bei der Haftung von Architekten und Ingenieuren eine Rolle, die mit der Bauüberwachung beauftragt sind.

5.5.2 Verjährung der Mängelansprüche nach VOB/B

5.5.2.1 Die Verjährungsfristen

Die VOB/B sieht in § 13 Abs. 4 VOB/B eine detaillierte Verjährungsregelung vor, die immer wieder überarbeitet wurde, weshalb stets zu prüfen ist, ob und welche Fassung der VOB/B vereinbart wurde.

VERJÄHRUNGSFRISTEN

4 Jahre	***für Bauwerke (§ 13 Abs. 4 Nr. 1 S. 1 VOB/B);***
2 Jahre	***für Teile von maschinellen und elektrotechnischen/ elektronischen Anlagen, bei denen die Wartung Einfluss auf Sicherheit und Funktionsfähigkeit hat, wenn der Auftraggeber sich dafür entschieden hat, dem Auftragnehmer die Wartung für die Dauer der Verjährungsfrist nicht zu übertragen (§ 13 Abs. 4 Nr. 2 VOB/B);***
2 Jahre	***für andere Werke, deren Erfolg in der Herstellung, Wartung oder Veränderung einer Sache besteht, und für die vom Feuer berührten Teile von Feuerungsanlagen (§ 13 Abs. 4 Nr. 1 S. 1 VOB/B);***
1 Jahr	***für feuerberührte und abgasdämmende Teile von industriellen Feuerungsanlagen (§ 13 Abs. 4 Nr. 1 S. 2 VOB/B).***

Der Begriff des **Bauwerks** entspricht dem des BGB:

Ortsfest angebrachte, durch Verwendung von Arbeit und Material in Verbindung mit dem Erdboden hergestellte Sache – muss von Gewicht, Größe und Lebensdauer einem Gebäude vergleichbar sein.

Die **Wartungsarbeiten**, von denen in § 13 Abs. 4 Nr. 2 VOB/B die Rede ist, betreffen zum Beispiel Rolltreppen, Aufzugsanlagen, Förderbänder, steuer- und messtechnische Einrichtungen etc. Da häufig nicht zu klären sein wird, ob ein später auftretender Mangel seine Ursache in fehlender Wartung oder einem Konstruktionsfehler hat, wird der Auftragnehmer entlastet. Die Verjährungsfrist verkürzt sich auf zwei Jahre. Der Wartungsvertrag muss mit dem Auftragnehmer geschlossen werden.

Vom **Feuer berührte Teile** von Feuerungsanlagen sind einem besonders hohen Verschleiß ausgesetzt, was die Verkürzung der Verjährung rechtfertigt. Noch intensivere Belastungen treten bei **feuerberührten und Abgas dämmenden Teilen von industriellen Feuerungsanlagen** auf, was die Reduzierung der Verjährungsfrist auf 1 Jahr rechtfertigt. Gemeint sind hier Anlagen wie zum Beispiel Hochöfen.

5.5.2.2 Die „Quasi-Unterbrechung"

Die VOB/B weist bei der Verjährung der Mängelansprüche eine Besonderheit auf:

§ 13 Abs. 5 Nr. 1 Satz 2 und 3 VOB/B

Der Anspruch auf Beseitigung der gerügten Mängel verjährt in 2 Jahren, gerechnet vom Zugang des schriftlichen Verlangens an, jedoch nicht vor Ablauf der Regelfristen nach Nummer 4 oder der an ihrer Stelle vereinbarten Frist.

Nach Abnahme der Mängelbeseitigungsleistung beginnt für diese Leistung eine Verjährungsfrist von 2 Jahren neu, die jedoch nicht vor Ablauf der Regelfristen nach Nummer 4 oder der an ihrer Stelle vereinbarten Frist endet.

Bereits ein schriftliches Mangelbeseitigungsverlangen führt dazu, dass die Verjährung für zwei Jahre ausgesetzt wird. Abhängig vom Zeitpunkt des Mangelbeseitigungsverlangens kann sich so die reguläre Verjährungsfrist – bezogen auf diesen Mangel – deutlich verlängern. Dies stellt eine wesentliche Abweichung von der Regelung im BGB dar.

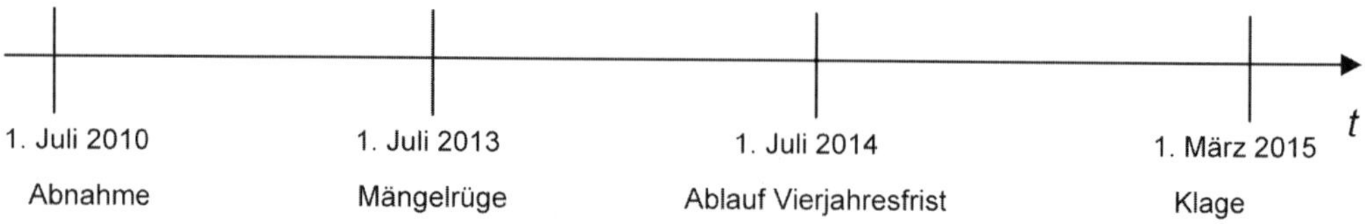

Bild 5-3 Zeitschiene Verjährung bei „Quasi-Unterbrechung"

Keine Verjährung! Obwohl am 1. März 2015 die reguläre Verjährungsfrist bereits abgelaufen war, kann bezüglich des am 1. Juli 2013 gerügten Mangels noch Klage erhoben werden, da für diesen Mangel die neue Frist von 2 Jahren gilt.

5

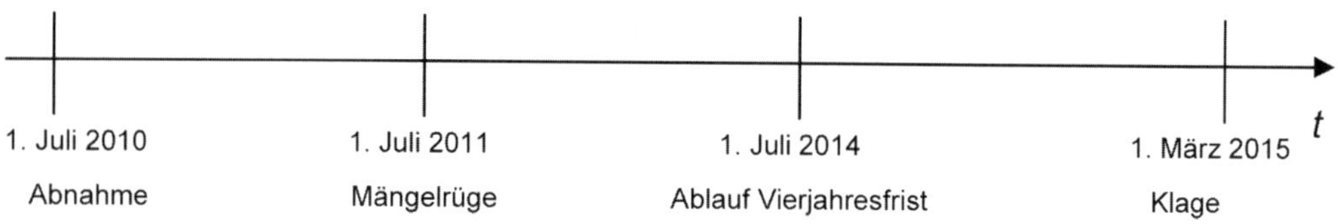

Bild 5-4 Zeitschiene „Quasi-Unterbrechung" hilft nicht

Verjährung! Wenn die Zweijahresfrist „innerhalb" der regulären Frist abläuft, kommt es insgesamt nicht zu einer Verlängerung.

Wenn der Auftragnehmer den gerügten Mangel beseitigt, beginnt für diese Mangelbeseitigungsleistung mit Abnahme eine neue Verjährungsfrist von zwei Jahren.

Bild 5-5 Zeitschiene Neubeginn der Verjährung

Keine Verjährung! Für die Mangelbeseitigung gilt ab Abnahme eine neue zweijährige Gewährleistung.

Nur die erste Mangelrüge führt zu neuer Verjährungsfrist. Weitere Aufforderungen zur Mängelbeseitigung bezüglich dieses Mangels bleiben folgenlos.

5.5.3 Vereinbarungen über die Verjährung

Denkbar ist sowohl eine Verkürzung als auch eine Verlängerung der Verjährungsfrist. Eine ausdrückliche Grenze zieht § 202 Abs. 2 BGB: Danach kann die Verjährung durch Rechtsgeschäft nicht über eine Verjährungsfrist von 30 Jahren ab dem gesetzlichen Verjährungsbeginn hinaus erschwert werden.

Eine weitere Grenze zieht das AGB-Recht für formularmäßig vereinbarte Verjährungsfristen. Hier ist stets im Einzelfall zu prüfen, ob ein Vertragspartner durch die AGB unangemessen benachteiligt wird:

Beispiel Die formularmäßige Vereinbarung einer Verjährungsfrist von 10 Jahren und 1 Monat kann bei Flachdacharbeiten mit § 307 BGB vereinbar sein (BGH IBR 1996, 315).

Dagegen soll die formularmäßige Vereinbarung, dass die Gewährleistungsfrist erst beginnt, wenn alle Mängel ordnungsgemäß beseitigt sind, nach § 307 BGB unwirksam sein (OLG Celle IBR 2001, 169).

Eine Verkürzung der fünfjährigen Verjährungsfrist des BGB ist gegenüber Verbrauchern in AGB wegen § 309 Nr. 8 b) ff BGB stets unzulässig.

Bis zur VOB/B 2000 betrug die Verjährungsfrist auch für Mängel an Bauwerken zwei Jahre. Es war umstritten, ob diese Verkürzung gegenüber der Regelung im BGB bei isolierter Regelung wirksam sein konnte. Diese Bedenken haben sich durch die Verlängerung auf vier Jahre nicht erledigt. Es findet jedoch keine AGB-Inhaltskontrolle statt, wenn die VOB/B zwischen Unternehmern ohne inhaltliche Abweichungen insgesamt in den Vertrag einbezogen ist (§ 310 Abs. 1 Satz 3 BGB n. F.).

5.5.4 Hemmung der Verjährung

5.5.4.1 Verhandlungen

Der Ablauf der Verjährungsfrist wird gemäß § 203 BGB durch Verhandlungen gehemmt. Nach der Symptomrechtsprechung genügt dabei auch ein Hinweis auf Mangelerscheinungen. Verhandlungen hemmen auch dann, wenn der Auftraggeber irrtümlich annimmt, dass einer Funktionsstörung gar kein Mangel, sondern lediglich ein Bedienungsfehler zugrunde liegt (BGH NZBau 2008, 177). Eine Verhandlung ist jeder Meinungsaustausch über den Schadensfall, sofern nicht sofort und eindeutig jeder Ersatz abgelehnt wird – weite Auslegung (BGH

IBR 2007, 32); Verhandlungen schweben schon dann, wenn der in Anspruch genommene Erklärungen abgibt, die dem Geschädigten die Annahme gestatten, der Verpflichtete lasse sich auf Erörterungen über die Berechtigung ein; Vergleichsbereitschaft oder Bereitschaft zum Entgegenkommen ist nicht erforderlich.

Die Verhandlung endet, wenn der eine oder andere Teil die Fortsetzung der Verhandlungen verweigert. Die Hemmung der Verjährung endet aber frühestens drei Monate nach dem Ende der Verhandlungen. Damit soll den Vertragsparteien genügend Zeit bleiben, weitere Schritte einzuleiten.

5.5.2.2 Mangelbeseitigungsleistungen

Im Rahmen von Verhandlungen über Mängel wird es häufig um die Mangelbeseitigung gehen. Dabei muss der Auftragnehmer beachten, dass in der Beseitigung eines Mangels ein Anerkenntnis gesehen werden kann, das die Verjährung neu beginnen lässt. Gemäß § 212 BGB beginnt die Verjährung erneut, wenn der Schuldner den Mangel anerkennt. Dies kann auch durch tatsächliches Verhalten, wie zum Beispiel die Beseitigung des Mangels geschehen. Wenn der Auftragnehmer Zweifel ausschließen möchte, sollte er Mängel ausdrücklich aus „Kulanz“ und ohne Anerkennung einer entsprechenden Rechtspflicht beseitigen.

5.5.2.3 Hemmung durch Rechtsverfolgung, § 204 BGB

Es gibt verschiedene Möglichkeiten, die Verjährung durch Rechtsverfolgung zu hemmen:

- Klageerhebung (auf Leistung – auch Vorschuss – oder Feststellung des Anspruchs)
- Zustellung eines Mahnbescheids
- Streitverkündung
- Antrag auf Durchführung eines selbstständigen Beweisverfahrens
- Anmeldung des Anspruchs im Insolvenzverfahren
- Beginn des schiedsrichterlichen Verfahrens
- Aufrechnung im Prozess.

Alle verjährungshemmenden Maßnahmen müssen stets auf einen konkreten Mangel bezogen sein. Sie entfalten darüber hinaus keine Wirkung.

Tabelle 5.1 Verjährung nach BGB und VOB/B

BGB	VOB/B
Bauwerk	
5 Jahre	4 Jahre
bei Arglist/Organisationsverschulden Verlängerung möglich	
	„Quasi-Unterbrechung“ der ersten Mangelrüge
Hemmung durch Verhandlungen und Rechtsverfolgung	

5.6 Mitverantwortlichkeit der Baubeteiligten

5.6.1 Mitverschulden des Auftraggebers

In jedem Schuldverhältnis wird berücksichtigt, wenn der Geschädigte an der Entstehung oder dem Umfang Mitverantwortung trägt. Dies ist Gegenstand der Vorschrift des § 254 BGB, die auch im Werkvertragsrecht gilt.

§ 254 BGB

(1) Hat bei der Entstehung des Schadens ein Verschulden des Beschädigten mitgewirkt, so hängt die Verpflichtung zum Ersatz sowie der Umfang des zu leistenden Ersatzes von den Umständen, insbesondere davon ab, inwieweit der Schaden vorwiegend von dem einen oder dem anderen Teil verursacht worden ist.

(2) Dies gilt auch dann, wenn sich das Verschulden des Beschädigten darauf beschränkt, dass er unterlassen hat, den Schuldner auf die Gefahr eines ungewöhnlich hohen Schadens aufmerksam zu machen, den der Schuldner weder kannte noch kennen musste, oder dass er es unterlassen hat, den Schaden abzuwenden oder zu mindern. Die Vorschrift des § 278 findet entsprechende Anwendung.

Direkt gilt § 254 BGB nur für Schadensersatzansprüche aus § 634 Nr. 4 BGB bzw. § 13 Abs. 7 VOB/B. Allerdings findet der **Rechtsgedanke** des § 254 BGB über die Anwendung der Grundsätze von Treu und Glauben aus § 242 BGB auch bei Nachbesserungs- bzw. Kostenvorschussansprüchen Anwendung.

Beispiel für ein Mitverschulden des Auftraggebers kann etwa eine fehlerhafte Anweisung sein. Dagegen ist es nicht ausreichend, wenn sich der Auftraggeber mit einem bestimmten Baustoff einverstanden erklärt. Hierdurch wird das Qualitätsrisiko nicht vom Auftragnehmer auf den Auftraggeber verlagert (OLG Karlsruhe/BGH IBR 2002, 306).

Der Auftraggeber haftet auch für fehlerhaftes Verhalten seiner Erfüllungsgehilfen, §§ 254, 278 BGB.

Erfüllungsgehilfen des Auftraggebers sind gegenüber dem bauenden Auftragnehmer unter anderem der Architekt und Sonderfachleute wie zum Beispiel ein Statiker. Dies gilt jedoch nur für den Bereich der Planung / Koordinierung, nicht dagegen für den Bereich der Objektüberwachung! Grund: Der Auftraggeber schuldet dem Auftragnehmer keine Objektüberwachung; eine solche erfolgt allein im eigenen Interesse des Auftraggebers.

Wenn der Auftragnehmer weiß, dass es eine Fachplanung nicht gibt, so übernimmt er das Planungsrisiko. Der Auftragnehmer kann sich im Fall einer planungsbedingt mangelhaften Ausführung nicht auf ein Mitverschulden des Auftraggebers berufen (OLG Celle IBR 2005, 14).

5.6.2 Verantwortlichkeit des Auftraggebers nach § 645 BGB

Neben der allgemeinen schuldrechtlichen Regelung in § 254 BGB sieht das Werkvertragsrecht eine spezifische Regelung vor, die sich mit der Haftung des Auftraggebers befasst:

§ 645 BGB. Verantwortlichkeit des Bestellers

(1) Ist das Werk vor der Abnahme infolge eines Mangels des von dem Besteller gelieferten Stoffes oder infolge einer von dem Besteller für die Ausführung erteilten Anweisung untergegangen, verschlechtert oder unausführbar geworden, ohne dass ein Umstand mitgewirkt hat, den der Unternehmer zu vertreten hat, so kann der Unternehmer einen der geleisteten Arbeit entsprechenden Teil der Vergütung und Ersatz der in der Vergütung nicht inbegriffenen Auslagen verlangen. (...)

(2) Eine weitergehende Haftung des Bestellers wegen Verschuldens bleibt unberührt.

Fallbeispiel

Der „Schürmann-Bau" (nach OLG Köln IBR 2003, 467)

Bei der Erweiterung der Bundestagsbauten („Schürmann"-Bau) kommt es zu einer Zerstörung der Bauleistungen durch Hochwasser. Der Auftraggeber klagt auf Schadensersatz. Der Auftragnehmer wendet Mitverschulden wegen unzureichender Schutzmaßnahmen ein.

Der BGH gibt dem Auftragnehmer recht. Er sieht das mitwirkende Verschulden in dem vom Berufungsgericht festgestellten Versäumnis, das beim Hochwasserschutz verfolgte Konzept und die darin für die Konsole vorgesehene Funktion für die ausführenden Unternehmer planerisch nicht hinreichend verdeutlich zu haben.

5.6.3 Gesamtschuldverhältnisse

Charakteristisch für den Bauvertrag ist das Zusammenwirken mehrerer Beteiligter. Dies gilt häufig auch bei der Verursachung von Mängeln. Dabei können auch mehrere Beteiligte dem Bauherrn den Ersatz desselben Schadens schulden. Wenn zwei dasselbe schulden, spricht man von **Gesamtschuld**. Das BGB regelt dies wie folgt:

§ 421 BGB

Schulden mehrere eine Leistung in der Weise, dass jeder die ganze Leistung zu bewirken verpflichtet, der Gläubiger aber die Leistung nur einmal zu fordern berechtigt ist (Gesamtschuldner), so kann der Gläubiger die Leistung nach seinem Belieben von jedem der Schuldner ganz oder zu einem Teil fordern. Bis zur Bewirkung der ganzen Leistung bleiben sämtliche Schuldner verpflichtet.

Voraussetzungen:

1. Identität des Leistungsinteresses
2. Gleichstufigkeit der Verpflichtung → liegt vor, wenn die Schuld demselben Zweck dient

Liegen die Voraussetzungen vor, kann sich der Auftraggeber an den einen oder anderen halten. Die Leistung des einen befreit auch den anderen. Abhängig vom Grad der wechselseitigen Verantwortlichkeit findet zwischen den Gesamtschuldnern sodann ein Innenausgleich nach § 426 BGB statt.

Fallgruppen:

- Architekt und Bauunternehmer
  Hinsichtlich der Errichtung des Bauwerks selbst besteht keine Gesamtschuld, da der Architekt nicht das Bauwerk selbst als körperliche Sache schuldet. Beide schulden aber als Werkerfolg das Entstehen eines mangelfreien Bauwerks, sodass für die Haftung wegen eines Mangels am Bauwerk Gesamtschuld vorliegt.
- Planender Architekt und bauleitender Architekt
  Der objektüberwachende Architekt hat die Planung auf Fehler zu überprüfen. Objektüberwacher und Planer haften für Fehler in der Ausführungsplanung gegenüber dem Auftraggeber deshalb grundsätzlich als Gesamtschuldner. Allerdings muss sich der Auftraggeber das Verschulden des von ihm eingesetzten planenden Architekten bei seinem Anspruch gegen den bauleitenden Architekten anrechnen lassen. Den Auftraggeber trifft insoweit die Obliegenheit, dem Objektüberwacher mangelfreie Pläne zur Verfügung zu stellen (BGH IBR 2009, 92; OLG Frankfurt IBR 2009, 402).
- Architekt und Statiker
  Grundsätzlich darf sich ein Architekt auf das Sonderwissen des Statikers verlassen. Er haftet also nichtgesamtschuldnerisch für Fehler des Statikers. Etwas anderes kann gelten, wenn grobe oder offensichtliche Mängel der Statik vorliegen, die der Architekt erkennen musste (OLG Stuttgart IBR 2008, 401). So wurde eine Gesamtschuld zwischen Architekt und Statiker wegen des Fehlens notwendiger Dehnfugen angenommen, weil es sich um Standardwissen handele, das jeder Architekt besitzen muss (KG IBR 2006, 509). Mängel der Statik sind für Architekt im Regelfall aber nicht erkennbar, wenn sie nicht einmal vom Prüfstatiker erkannt wurden (OLG Jena IBR 2008, 341).
- Mehrere Bauunternehmer
  Grundsätzlich ist jeder Auftragnehmer für sein Gewerk allein verantwortlich. Ist ein Mangel von zwei Gewerken verursacht, kann er wirtschaftlich sinnvoll aber nur durch eine Sanierungsmaßnahme beseitigt werden, haften beide Auftragnehmer gesamtschuldnerisch (OLG Frankfurt/BGH IBR 2005, 473).

Beispiel Nach BGH IBR 2003, 468:

Rohbauer und Putzer verursachen Risse in Mauerwerk und Außenputz. Die Mängel können nur einheitlich behoben werden.

Beide haften als Gesamtschuldner.

6 Vorzeitige Vertragsbeendigung

EINGANGSFRAGEN

Welche vorzeitigen Vertragsbeendigungsmöglichkeiten sind im Bauvertragsrecht denkbar? Welche unterschiedlichen Rechte bestehen für die Auftraggeber-und die Auftragnehmerseite in diesem Zusammenhang?

Welche Bedeutung hat der Begriff der „Kooperationspflicht" im Bauvertragsrecht?

Welche Unterscheidungen zwischen einer ordentlichen und einer außerordentlichen Kündigung seitens der verschiedenen Vertragspartner gibt es?

Welche Voraussetzungen sind für eine wirksame Kündigung einzuhalten?

Wie sind vorzeitig beendigte Verträge abzurechnen?

6.1 Überblick

Eine Bauvertragsabwicklung kann sich über einen längeren Zeitraum erstrecken. In dieser Phase ergeben sich mannigfaltige Konfliktpotenziale, was dazu führt, dass nicht jeder Bauvertrag von den Parteien vollständig erfüllt wird. Wird ein Bauvertrag vorzeitig beendet, etwa durch Kündigung oder einvernehmliche Vertragsaufhebung, stellen sich regelmäßig schwierige Rechtsfragen, beispielsweise zur richtigen Abrechnung und Vergütung, zu Schadensersatzansprüchen oder zur Haftung für Mängel.

Die zur Beantwortung solcher Fragen nötigen Kenntnisse will das folgende Kapitel vermitteln. Die Grundlagen der Kündigungsmöglichkeiten nach dem BGB-Werkvertragsrecht bzw. der VOB/B werden unter Ziffer 6.2 vorgestellt. Einen weiteren Schwerpunkt bildet die Abrechnung des gekündigten Vertrages (Ziffer 6.4). Das Kapitel wird durch einen Übungsfall zur Kündigung eines VOB/B-Bauvertrages abgerundet (Ziffer 6.5).

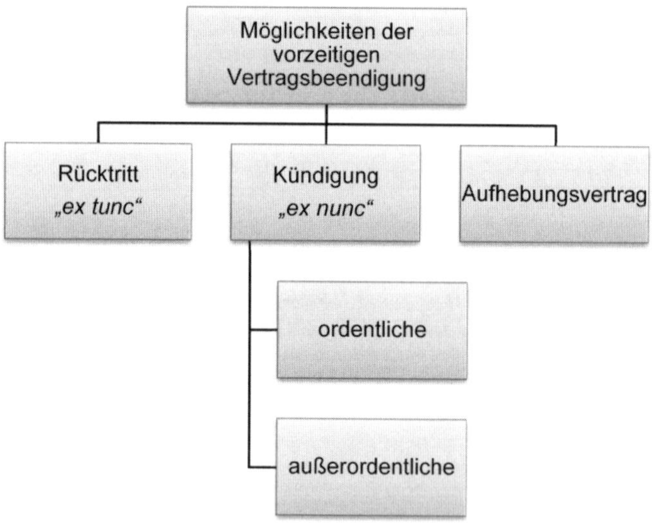

Bild 6-1 Kündigung eines Bauvertrages

Bild 6-2 Zeitschiene Kündigung

6.2 Grundlagen

Die Kündigung beendet den Bauvertrag. Sie wirkt im Zeitpunkt ihres Zugangs und macht deshalb – anders als der Rücktritt – keine Rückabwicklung des Bauvertrages notwendig.

6.2.1 Kooperationspflicht

Rechtsprechung

Die Vertragsparteien eines VOB/B-Vertrages sind bei der Vertragsdurchführung zur Kooperation verpflichtet.

Sie haben durch Verhandlungen eine einvernehmliche Beilegung von Meinungsverschiedenheiten zu versuchen.

(BGH, Urteil vom 28.10.1999 – VII ZR 393/98)

6.2.2 Freie Kündigung

Der **Auftraggeber** kann den Bauvertrag jederzeit kündigen:

§ 649 Satz 1 BGB

Der Besteller kann bis zur Vollendung des Werkes jederzeit den Vertrag kündigen.

§ 8 Abs. 1 Nr. 1 VOB/B.

Der Auftraggeber kann bis zur Vollendung der Leistung jederzeit den Vertrag kündigen.

Dem Auftragnehmer steht kein Recht zur freien Kündigung zu.

6.2.3 Die Kündigung aus wichtigem Grund

Obwohl der Bauvertrag kein Dauerschuldverhältnis darstellt, kann er aus wichtigem Grund gekündigt werden. Das Recht zur außerordentlichen Kündigung bzw. zur Kündigung aus wichtigem Grund kann sowohl dem Auftraggeber als auch dem Auftragnehmer zustehen. Voraussetzung ist ein wichtiger Grund. Darunter versteht man eine schwere Störung der Vertrauensgrundlage, die eine Fortsetzung des Vertragsverhältnisses unzumutbar macht.

→ Ultima Ratio!

→ Kooperationspflicht hat Vorrang!

§ 314 BGB. Kündigung von Dauerschuldverhältnissen aus wichtigem Grund

(1) Dauerschuldverhältnisse kann jeder Vertragsteil aus wichtigem Grund ohne Einhaltung einer Kündigungsfrist kündigen. Ein wichtiger Grund liegt vor, wenn

dem kündigenden Teil unter Berücksichtigung aller Umstände des Einzelfalls und unter Abwägung der beiderseitigen Interessen die Fortsetzung des Vertragsverhältnisses bis zur vereinbarten Beendigung oder bis zum Ablauf einer Kündigungsfrist nicht zugemutet werden kann.

(2) Besteht der wichtige Grund in der Verletzung einer Pflicht aus dem Vertrag, ist die Kündigung erst nach erfolglosem Ablauf einer zur Abhilfe bestimmten Frist oder nach erfolgloser Abmahnung zulässig. (...)

Ob ein wichtiger Grund vorliegt, ist stets eine Frage des Einzelfalls. In folgenden Fällen hat die Rechtsprechung einen wichtigen Grund bejaht:

- Der Auftragnehmer ist bestechlich (BGH, Urteil vom 31.03.1977 - VII ZR 186/74; Urteil vom 06.05.1999 - VII ZR 132-97)
- Der Auftragnehmer täuscht über eine besondere Eignung – großer Schweißnachweis (OLG Köln, Urteil vom 28.04.1993 - 13 U 201/92)
- Der Auftragnehmer weigert sich nachhaltig, sich an vertragliche Vereinbarungen zu halten – Verwendung von Beton B 15 statt, wie vereinbart, Beton B 25 (OLG Celle, Urteil vom 16.12.2004 - 5 U 71/04)
- Unberechtigte Kündigung der Gegenseite (BGH, Urteil vom 01.12.1993 - VIII ZR 129/92).

6.2.4 Die Kündigungsmöglichkeiten des Auftraggebers nach der VOB/B

6.2.4.1 Freie Kündigung, § 8 Abs. 1 VOB/B

Dies entspricht der freien Kündigung nach § 649 BGB.

6.2.4.2 Insolvenz des Auftragnehmers, § 8 Abs. 2 VOB/B

Der Auftraggeber kann den Vertrag kündigen, wenn der Auftragnehmer seine Zahlungen einstellt, von ihm oder zulässigerweise vom Auftraggeber oder einem anderen Gläubiger das Insolvenzverfahren (§§ 14 und 15 InsO) beziehungsweise ein vergleichbares gesetzliches Verfahren beantragt ist, ein solches Verfahren eröffnet wird oder dessen Eröffnung mangels Masse abgelehnt wird.

6.2.4.3 Mängel vor Abnahme, § 8 Abs. 3 i. V. m. § 4 Abs. 7 VOB/B

Wenn der Auftragnehmer Mängel, die sich bereits vor Abnahme gezeigt haben, nicht binnen der hierzu gesetzten Frist beseitigt, kann der Auftraggeber kündigen. Die Kündigung kann sich dabei auch auf einen Teil der Leistung beschränken.

6.2.4.4 Unzulässiger Einsatz von Nachunternehmern, § 8 Abs. 3 i. V. m. § 4 Abs. 8 VOB/B

Erbringt der Auftragnehmer ohne schriftliche Zustimmung des Auftraggebers Leistungen nicht im eigenen Betrieb, obwohl sein Betrieb darauf eingerichtet ist, kann der Auftraggeber ihm eine angemessene Frist zur Aufnahme der Leistung im eigenen Betrieb setzen und erklären, dass er ihm nach fruchtlosem Ablauf der Frist den Auftrag entziehe.

6.2.4.5 *Verzug des Auftragnehmers, § 8 Abs. 3 i. V. m. § 5 Abs. 4 VOB/B*

Verzögert der Auftragnehmer den Beginn der Ausführung, gerät er mit der Vollendung in Verzug oder setzt er nicht ausreichend Arbeitskräfte, Geräte, Gerüste, Stoffe oder Bauteile ein, so kann der Auftraggeber bei Aufrechterhaltung des Vertrages Schadensersatz verlangen oder dem Auftragnehmer eine angemessene Frist zur Vertragserfüllung setzen und erklären, dass er ihm nach fruchtlosem Ablauf der Frist den Auftrag entziehe.

6.2.4.6 *Wettbewerbswidrige Absprache, § 8 Abs. 4 VOB/B*

Der Auftraggeber kann den Auftrag entziehen, wenn der Auftragnehmer aus Anlass der Vergabe eine Abrede getroffen hatte, die eine unzulässige Wettbewerbsbeschränkung darstellt.

6.2.4.7 *Unterbrechung von mehr als drei Monaten, § 6 Abs. 7 VOB/B*

Dauert eine Unterbrechung länger als drei Monate, so kann jeder Teil nach Ablauf dieser Zeit den Vertrag schriftlich kündigen.

6.2.5 Kündigungsmöglichkeiten für den Auftragnehmer

a) §§ 642, 643 BGB

Der Auftragnehmer hat grundsätzlich kein Recht zur ordentlichen Kündigung! Es bleibt die außerordentliche Kündigung als *Ultima Ratio.*

Der Auftragnehmer kann den Vertrag ausnahmsweise kündigen, wenn der Auftraggeber nicht mitwirkt:

§ 642 BGB – Mitwirkung des Bestellers

(1) Ist bei der Herstellung des Werkes eine Handlung des Bestellers erforderlich, so kann der Unternehmer, wenn der Besteller durch das Unterlassen der Handlung in Verzug der Annahme kommt, eine angemessene Entschädigung verlangen. (...)

§ 643 BGB – Kündigung bei unterlassener Mitwirkung

Der Unternehmer ist im Falle des § 642 berechtigt, dem Besteller zur Nachholung der Handlung eine angemessene Frist mit der Erklärung zu bestimmen, dass er den Vertrag kündige, wenn die Handlung nicht bis zum Ablauf der Frist vorgenommen werde. Der Vertrag gilt als aufgehoben, wenn nicht die Nachholung bis zum Ablauf der Frist erfolgt.

Eine erforderliche Mitwirkung kann etwa darin liegen, dass

- der Auftraggeber dem Auftragnehmer Unterlagen zur Verfügung stellen muss, z. B. die Baugenehmigung, Förderbescheide oder Finanzierungsbestätigungen, von denen die Durchführung des Bauvorhabens abhängig gemacht worden ist,
- der Auftraggeber das Grundstück bereitstellen muss, ggf. geräumt oder frei von Altlasten oder mit bestimmten Vorleistungen,
- der Auftraggeber eine Vermessung, Baustelleneinrichtung, Zufahrtswege und Anschlussgleise, Strom- und Wasseranschlüsse bereitstellen muss,
- bestimmte Bauleistungen anderer Unternehmer zur Verfügung stehen müssen (Vorunternehmerleistungen).

b) Nichtleistung einer Sicherheit nach § 648a BGB (§ 648a Abs. 5 BGB)

Dem Auftragnehmer steht nach dem Werkvertragsrecht eine besondere Sicherung zu. Für die noch nicht gezahlte Vergütung zuzüglich eines Aufschlags von 10 Prozent kann er vom Auftraggeber eine Sicherheit verlangen. Stellt der Auftraggeber diese Sicherheit nach Ablauf einer hierfür gesetzten Frist nicht, kann der Auftragnehmer die Leistung nicht nur verweigern, sondern den Vertrag auch kündigen. Dies gilt auch beim VOB/B-Vertrag.

c) Unterlassene Mitwirkung des Auftraggebers, § 9 Abs. Nr. 1 VOB/B
Dieser Tatbestand ist der Regelung in §§ 642, 643 BGB vergleichbar.

d) Zahlungs- oder sonstiger Schuldnerverzug, § 9 Abs. 1 Nr. 2 VOB/B,

e) Unterbrechung von mehr als drei Monaten, § 6 Abs. 7 VOB/B.

6

6.3 Die Durchführung der Kündigung

Insbesondere aus der VOB/B ergeben sich verschiedene Besonderheiten:

6.3.1 Kündigung nach § 8 Abs. 3 VOB/B:

a) Fristsetzung
   - zur Mängelbeseitigung (§ 4 Abs. 7 VOB/B) oder
   - zur Aufnahme der Leistung im eigenen Betrieb (§ 4 Abs. 8 VOB/B) oder
   - zur Vertragserfüllung (§ 5 Abs. 4 VOB/B).

b) Androhung der Auftragsentziehung (kann mit Fristsetzung verbunden werden),

c) Schriftliche Kündigungserklärung nach Fristablauf.

In der VOB/B gilt für die Kündigung die Schriftform, § 8 Abs. 5 VOB/B!

d) Fertigstellung und Schadensersatz
Nach der Entziehung des Auftrags ist der Auftraggeber berechtigt, den noch nicht vollendeten Teil der Leistung zulasten des Auftragnehmers durch einen Dritten ausführen zu lassen, doch bleiben seine Ansprüche auf Ersatz des etwa entstehenden weiteren Schadens bestehen. Er ist auch berechtigt, auf die weitere Ausführung zu verzichten und Schadensersatz wegen Nichterfüllung zu verlangen, wenn die Ausführung aus den Gründen, die zur Entziehung des Auftrags geführt haben, für ihn kein Interesse mehr hat.

e) Für die Weiterführung der Arbeiten kann der Auftraggeber Geräte, Gerüste, auf der Baustelle vorhandene andere Einrichtungen und angelieferte Stoffe und Bauteile gegen angemessene Vergütung in Anspruch nehmen.

f) Recht des Auftragnehmers auf Aufmaß
Der Auftragnehmer kann Aufmaß und Abnahme der von ihm ausgeführten Leistungen alsbald nach der Kündigung verlangen; er hat unverzüglich eine prüfbare Rechnung über die ausgeführten Leistungen vorzulegen, § 8 Abs. 6 VOB/B.

Nach Kündigung wird die Werklohnforderung grundsätzlich auch erst mit der Abnahme fällig (BGH IBR 2006, 432)!

6.3.2 Kündigung des Auftragnehmers nach § 9 VOB/B

Voraussetzungen gemäß § 9 Abs. 2 VOB/B:

- Angemessene Fristsetzung zur Vertragserfüllung,
- Androhung der Kündigung,
- Schriftliche Kündigungserklärung.

6.4 Die Abrechnung des gekündigten Vertrages

6.4.1 Zweiteilung

Die Kündigung entfaltet Wirkung ab Zugang. Sie hat keine Rückwirkung. Für die Abrechnung des gekündigten Vertrages gilt deshalb eine Zweiteilung:

1. Vergütung für erbrachte Leistung,
2. Vergütung für nicht erbrachte Leistung.

Bei der Vergütung für die nicht erbrachte Leistung kommt es wesentlich darauf an, ob es sich um eine sogenannte freie Kündigung oder eine Kündigung aus wichtigem Grund handelt:

6.4.2 Die Abrechnung bei freier Kündigung

Der Auftragnehmer erhält die volle Vergütung abzüglich ersparter Aufwendungen und anderweitigen Erwerbs:

§ 649 Satz 2 BGB

Kündigt der Besteller, so ist der Unternehmer berechtigt, die vereinbarte Vergütung zu verlangen; er muss sich jedoch dasjenige anrechnen lassen, was er infolge der Aufhebung des Vertrags an Aufwendungen erspart oder durch anderweitige Verwendung seiner Arbeitskraft erwirbt oder zu erwerben böswillig unterlässt. Es wird vermutet, dass danach dem Unternehmer 5 vom Hundert der auf den noch nicht erbrachten Teil der Werkleistung entfallenden vereinbarten Vergütung zustehen.

§ 8 Abs. 1 Nr. 2 VOB/B

Dem Auftragnehmer steht die vereinbarte Vergütung zu. Er muss sich jedoch anrechnen lassen, was er infolge der Aufhebung des Vertrags an Kosten erspart oder durch anderweitige Verwendung seiner Arbeitskraft und seines Betriebs erwirbt oder zu erwerben böswillig unterlässt (§ 649 BGB).

Durch die freie Kündigung soll der Auftragnehmer keine Nachteile erleiden, aber auch nicht besser als bei Erfüllung des Vertrags gestellt werden. Zu den ersparten Aufwendungen können zum Beispiel Kosten für Material, Kosten für Nachunternehmer und unter Umständen auch Personalkosten gehören. Zudem muss sich der Auftragnehmer anrechnen lassen, was er in der Zeit anderweitig erwirtschaftet. Seit 2009 gibt es im BGB eine widerlegbare Vermutung, dass sich der Anspruch des Auftragnehmers nach Abzug der ersparten Aufwendungen und des anderweitigen Erwerbs auf 5 Prozent der Vergütung für die noch nicht erbrachte Leistung beläuft.

Fallbeispiel

Das Schwimmbad (nach OLG Köln, IBR 2004, 616)

Der Auftraggeber beauftragt den Auftragnehmer mit der Lieferung und Montage von Rollos und Motoren für ein Schwimmbad. Es handelt sich um Materialien, die der Auftragnehmer speziell für das Bauwerk des Auftraggebers beschaffen muss. Der Auftrag im Schwimmbad hätte den Betrieb des Auftragnehmers über Monate ausgelastet. Der Auftragnehmer hat fünf angestellte Mitarbeiter.

Der Auftraggeber kündigt vor Einbau der Rollos und Motoren den Vertrag gemäß § 649 BGB, da der damit erwünschte Effekt (keine Verfärbung des Beckens durch Lichteinfall) doch nicht eintritt. Der Auftragnehmer rechnet die vereinbarte Vergütung ab und zieht als ersparte Aufwendungen lediglich die kalkulierten Montagekosten ab.

Der Auftraggeber wendet ein,

- *auch die Materialkosten seien als ersparte Aufwendungen abzuziehen.*
- *der Auftragnehmer müsse sich ersparte Personalkosten anrechnen lassen.*

Zu Recht?

- Materialkosten sind nur dann ersparte Aufwendungen, wenn das Material in absehbarer und zumutbarer Zeit anderweitig verwendet werden kann. Anderenfalls muss sich der Auftragnehmer für das Material keine ersparten Aufwendungen anrechnen lassen. Er ist jedoch nach Treu und Glauben verpflichtet, dem Auftraggeber das Material auf Verlangen herauszugeben und zu übereignen.
- Personalkosten sind (nur) erspart, wenn sie infolge der Kündigung nicht bzw. nicht mehr anfallen; wenn zum Beispiel eine geplante Neueinstellung nicht erforderlich wird oder freie Mitarbeiter nicht beschäftigt werden müssen. Der Auftragnehmer ist aber nicht verpflichtet, sein Personal zu reduzieren, auch wenn Kündigungen rechtlich möglich wären! Maßgeblich ist die tatsächliche Ersparnis des Auftragnehmers. Gleichwohl muss ein etwaiger anderweitiger Erwerb berücksichtigt werden.

6.4.3 Die Abrechnung bei der Kündigung aus wichtigem Grund

Wenn der Auftraggeber aus berechtigtem wichtigem Grund kündigt, erhält der Auftragnehmer für die noch nicht erbrachte Leistung keine Vergütung. Stattdessen muss er dem Auftraggeber unter Umständen den Schaden ersetzen, der ihm durch die vorzeitige Beendigung des Vertrages entstanden ist. Dies können zum Beispiel die zusätzlichen Kosten sein, die durch die Beauftragung eines anderen Auftragnehmers entstehen. Hinsichtlich der erbrachten Leistungen erhält er eine Vergütung, wenn diese für den AG von Wert sind.

6.4.4 Die Abrechnung bei speziellen Kündigungstatbeständen

6.4.4.1 § 8 Abs. 3 VOB/B

Der Auftragnehmer kann Aufmaß und Abnahme der von ihm ausgeführten Leistungen alsbald nach der Kündigung verlangen; er hat unverzüglich eine prüfbare Rechnung über die ausgeführten Leistungen vorzulegen.

Der Auftraggeber kann die Leistung durch einen Dritten fertigstellen lassen. Entstehen dabei höhere Kosten, als bei Fertigstellung durch den ursprünglichen Auftragnehmer, kann er dies als Schadensersatz geltend machen.

6.4.4.2 Rechtsfolgen einer Kündigung des AN nach § 9 VOB/B

Der Auftragnehmer hat Anspruch auf Aufmaß und Abnahme. Die Vergütung der erbrachten Leistungen erfolgt nach den Vertragspreisen, § 9 Nr. 3 VOB/B. Zudem erhält der Auftragnehmer eine angemessene Entschädigung nach § 642 BGB und hat etwaige weitergehende Ansprüche (z. B. Verzugszinsen).

6.4.4.3 Kündigung nach § 6 Abs. 7 VOB/B

Die ausgeführten Leistungen sind nach den Vertragspreisen abzurechnen und außerdem die Kosten zu vergüten, die dem Auftragnehmer bereits entstanden und in den Vertragspreisen des nicht ausgeführten Teils der Leistung enthalten sind.

Wenn die hindernden Umstände von einem Vertragsteil zu vertreten sind, so hat der andere Teil Anspruch auf Ersatz des nachweislich entstandenen Schadens, des entgangenen Gewinns aber nur bei Vorsatz oder grober Fahrlässigkeit. Daneben kann dem Auftragnehmer ein Anspruch nach § 642 BGB zustehen.

6.4.4.4 Kündigung bei Insolvenz

Hier richtet sich die Abrechnung nach § 6 Abs. 5 VOB/B, was für den Auftragnehmer bzw. den Insolvenzverwalter etwas günstiger ist. Die ausgeführten Leistungen sind nach den Vertragspreisen abzurechnen und außerdem die Kosten zu vergüten, die dem Auftragnehmer bereits entstanden und in den Vertragspreisen des nicht ausgeführten Teils der Leistung enthalten sind.

6.5 Übungsfall zu Kapitel 6

Sachverhalt:

AG beauftragt AN Anfang September 2009 mit Putzarbeiten. Die VOB/B ist vereinbart. Als Werklohn werden pauschal € 150.000 vereinbart.

Termin Ausführungsbeginn: 1. Oktober 2009

Fertigstellungstermin: 31. Oktober 2009

AN teilt am 20. September mit, er könne wegen Verzögerungen einer anderen Baustelle erst eine Woche später anfangen, werde aber den Fertigstellungstermin einhalten (Kolonnenverstärkung).

AG widerspricht am selben Tag. Er fordert Ausführungsbeginn spätestens am 1. Oktober, sonst werde er den Vertrag nach §§ 5 Nr. 4, 8 Nr. 3 VOB/B kündigen.

AN erscheint am 1. Oktober nicht auf der Baustelle. AG kündigt schriftlich.

Die Mehrkosten durch Einsatz eines anderen AN i. H. v. € 50.000 verlangt der AG als Schadensersatz vom AN. Dieser verlangt „entgangenen Gewinn" i. H. v. € 15.000. Wie ist die Rechtslage?

Lösung:

1. Anspruch des AG gegen den AN auf Schadensersatz i. H. v. 50.000 €

   Mögliche Anspruchsgrundlage:

§ 8 Abs. 3 Nr. 2 VOB/B

(1) Der Auftraggeber kann den Vertrag kündigen, wenn in den Fällen des § 4 Abs. 7 und 8 Nr. 1 und des § 5 Abs. 4 die gesetzte Frist fruchtlos abgelaufen ist (Entziehung des Auftrags). (...)

(2) Nach der Entziehung des Auftrags ist der Auftraggeber berechtigt, den noch nicht vollendeten Teil der Leistung zulasten des Auftragnehmers durch einen Dritten

ausführen zu lassen, doch bleiben seine Ansprüche auf Ersatz des etwa entstehenden weiteren Schadens bestehen.

§ 5 Nr. 4 VOB/B. Ausführungsfristen

Verzögert der Auftragnehmer den Beginn der Ausführung, gerät er mit der Vollendung in Verzug, oder kommt er der in Nummer 3 erwähnten Verpflichtung nicht nach, so kann der Auftraggeber bei Aufrechterhaltung des Vertrages Schadensersatz nach § 6 Abs. 6 verlangen oder dem Auftragnehmer eine angemessene Frist zur Vertragserfüllung setzen und erklären, dass er ihm nach fruchtlosem Ablauf der Frist den Auftrag entziehe (§ 8 Abs. 3).

(Vorüberlegung: Wer will was von wem woraus?)

Der AG könnte gegen den AN einen Anspruch auf Zahlung in Höhe von 50.000 € aus § 8 Nr. 3 Abs. 2 VOB/B haben.

Voraussetzung ist, dass der AG berechtigt war, den Vertrag nach § 8 Abs. 3 i. V. m. § 5 Abs. 4 VOB/B zu kündigen:

Der AN müsste den Beginn der Ausführung verzögert haben.

Hierfür genügt jedes Verhalten des AN, das die Verzögerung des Beginns herbeiführt.

AN erschien nicht zum vereinbarten Termin am 1. Oktober auf der Baustelle (Verschulden kann problematisiert werden).

Eine Verzögerung des Ausführungsbeginns liegt also vor.

Der AG müsste dem AN eine angemessene Frist zur Vertragserfüllung gesetzt und die Kündigung angedroht haben.

Der AG hat am 20. September eine Frist zum Ausführungsbeginn bis zum 1. Oktober gesetzt und widrigenfalls die Kündigung angedroht.

Problem: Der AN befand sich zu diesem Zeitpunkt noch nicht in Verzug. Der AG hat lediglich nochmals den vertraglich vereinbarten Ausführungsbeginn verlangt.

Argumentation/Diskussion:

Im Ergebnis wohl keine wirksame Fristsetzung zur Vertragserfüllung – aber streitig.

Entscheidung:

Der AG hat gegen den AN keinen Anspruch auf Zahlung von 50.000 € aus § 8 Abs. 3 Nr. 2 VOB/B.

2. Anspruch des AN gegen den AG auf Zahlung von 15.000 €

   Mögliche Anspruchsgrundlagen:

§ 649 S. 2 BGB

Kündigt der Besteller, so ist der Unternehmer berechtigt, die vereinbarte Vergütung zu verlangen; er muss sich jedoch dasjenige anrechnen lassen, was er infolge der Aufhebung des Vertrags an Aufwendungen erspart oder durch anderweitige Ver-

wendung seiner Arbeitskraft erwirbt oder zu erwerben böswillig unterlässt. Es wird vermutet, dass danach dem Unternehmer 5 vom Hundert der auf den noch nicht erbrachten Teil der Werkleistung entfallenden vereinbarten Vergütung zustehen.

(Vorüberlegung: Wer will was von wem woraus?)

Der AN könnte gegen den AG einen Anspruch auf Zahlung in Höhe von 15.000 € aus § 649 S. 2 BGB haben.

Der AG müsste den Vertrag frei nach § 649 S. 1 BGB gekündigt haben.

Problematisch, da AG eigentlich den Auftrag nach § 8 Abs. 3 i. V. m. § 5 Abs. 4 VOB/B entziehen wollte. Diese Auftragsentziehung war unwirksam (siehe oben).

Umdeutung in eine freie Kündigung möglich?

Argumentation/Diskussion

§ 140 BGB – Umdeutung

Entspricht ein nichtiges Rechtsgeschäft den Erfordernissen eines anderen Rechtsgeschäfts, so gilt das Letztere, wenn anzunehmen ist, dass dessen Geltung bei Kenntnis der Nichtigkeit gewollt sein würde.

BGH IBR 2003, 595:

I. d. R. ist die Kündigung eines Bauvertrages dahin zu verstehen, dass auch eine freie Kündigung gewollt ist. Ein abweichender Wille des AG muss sich aus der Erklärung oder den Umständen ergeben.

6

Zwischenergebnis:

Hier lässt die Kündigung keine andere Auslegung zu. Rechtsfolge der freien Kündigung ist, dass der AN dem Grunde nach Anspruch auf die vereinbarte Vergütung abzüglich ersparter Aufwendungen und anderweitigen Erwerbs hat.

AN verlangt 15.000 € als „entgangenen Gewinn". Dies scheint dafür zu sprechen, dass er ersparte Aufwendungen und anderweitigen Erwerb bereits von der vereinbarten Vergütung abgezogen hat.

Nach der Rechtsprechung muss er indes darlegen, wie hoch seine ersparten Aufwendungen und anderweitiger Erwerb anzusetzen sind.

Ohne derartige Darlegungen kann er gemäß § 649 S. 3 BGB nur 5 % der Vergütung verlangen, hier also 7.500 € (= 5 % von 150.000 €).

Entscheidung:

Der AN hat gegen den AG keinen Anspruch auf Zahlung von 15.000 € aus § 649 S. 2 BGB, da er die Höhe der ersparten Aufwendungen und des anderweitigen Erwerbs nicht dargelegt hat. Als „Pauschalbetrag" stehen dem AN gemäß § 649 S. 3 BGB nur 7.500 € zu.

7 Die Bauzeit

EINGANGSFRAGEN

Welche Regelungen gibt es im BGB und in der VOB/B zu Fragen der Leistungszeit im Rahmen von Bauwerksverträgen?

Was bedeuten „Behinderung“ und „Unterbrechung“ bei Ausführung von Bauleistungen?

Welche Regelungen gibt es im BGB und in der VOB/B zu den Behinderungstatbeständen?

Welche Rechte und Pflichten bzw. Rechtsfolgen können sich aus Bauablaufstörungen für die am Bau Beteiligten ergeben?

Erläutern Sie die Bedeutung von Vertragsstrafen für den Baubereich.

Wann liegen wirksame Vertragsstrafenvereinbarungen vor?

7.1 Grundlagen

Wird die von den Parteien ursprünglich vorgesehene und ggf. vertraglich vereinbarte Bauzeit überschritten, hat dies regelmäßig gravierende wirtschaftliche Auswirkungen für beide Vertragspartner. Bauzeitbezogene Ansprüche haben deshalb in der Praxis in den letzten Jahren an Bedeutung gewonnen.

Die jeweiligen Ansprüche der Vertragspartner aufgrund von Bauverzögerungen sind Gegenstand des folgenden Kapitels. Dabei wird zunächst der Frage nachgegangen, welche Regelungen das Gesetz und die VOB/B zur Bauzeit bereithalten (Ziffer 7.1). Wann eine Behinderung oder gar Unterbrechung der Ausführung vorliegt und welche Rechtsfolgen daran geknüpft sind, ist Gegenstand von Ziffer 7.2. Die im Bauvertragsbereich äußerst praxisrelevante Vertragsstrafe wegen Terminverzugs wird unter Ziffer 7.3 behandelt. Das Kapitel wird schließlich durch einen Übungsfall zu einem gestörten Bauablauf abgerundet (Ziffer 7.4).

7.1.1 BGB-Vertrag

Das Werkvertragsrecht sieht keine spezielle Regelung zur Bauzeit vor. Wenn die Parteien keine vertragliche Regelung zur Bauzeit treffen, gilt das allgemeine Schuldrecht:

§ 271 BGB

(1) Ist eine Zeit für die Leistung weder bestimmt noch aus den Umständen zu entnehmen, so kann der Gläubiger die Leistung sofort verlangen, der Schuldner sie sofort bewirken.

(2) Ist eine Zeit bestimmt, so ist im Zweifel anzunehmen, dass der Gläubiger die Leistung nicht vor dieser Zeit verlangen, der Schuldner aber sie vorher bewirken kann.

Fallbeispiel

7

Das Einfamilienhaus (nach OLG Koblenz / BGH IBR 2008, 82)

Der Bauherr beauftragt den Auftragnehmer im März 2004 mit der Errichtung eines Einfamilienhauses. Ein Fertigstellungstermin wird nicht vereinbart. Nach Baubeginn zeigt der Bauherr mehrere Mängel an und fordert deren Beseitigung. Da der Auftragnehmer dem nicht nachkommt, leitet er ein selbstständiges Beweisverfahren ein, in dem die Mängel bestätigt werden. Kurze Zeit nach Zugang des Gutachtens erklärt der Bauherr im Juli 2005 den Rücktritt. Zu Recht?

Ja. Das Gericht stellt klar:

„Auch ohne ausdrückliche Parteivereinbarung ist bei einem im Frühjahr begonnenen Bau eines Einfamilienhauses davon auszugehen, dass die Arbeiten bis zur Dacheindeckung vor Winterbeginn fertig gestellt sein müssen.“ Diese Entscheidung darf allerdings nicht verallgemeinert werden. Will der AG „sichergehen“, muss er Fristen/Termine (verbindliche – ein Bauzeitenplan genügt nicht) vereinbaren bzw. den AN in Verzug setzen (s. unten).

7.1.2 Die Regelung in der VOB/B

Die VOB/B enthält ausdrückliche Regeln zu Ausführungsfristen und Verzögerungen.

§ 5 Abs. 1 VOB/B

Die Ausführung ist nach den verbindlichen Fristen (Vertragsfristen) zu beginnen, angemessen zu fördern und zu vollenden. In einem Bauzeitenplan enthaltene Einzelfristen gelten nur dann als Vertragsfristen, wenn dies im Vertrag ausdrücklich vereinbart ist.

§ 5 Abs. 2 VOB/B

Ist für den Beginn der Ausführung keine Frist vereinbart, so hat der Auftraggeber dem Auftragnehmer auf Verlangen Auskunft über den voraussichtlichen Beginn zu erteilen. Der Auftragnehmer hat innerhalb von 12 Werktagen nach Aufforderung zu beginnen. Der Beginn der Ausführung ist dem Auftraggeber anzuzeigen.

Zu unterscheiden sind:

→ Verbindliche Fristen – „Vertragsfristen“

- Frist zum Baubeginn (wenn kalendermäßig bestimmt/bestimmbar)
- Frist zur Fertigstellung (wenn kalendermäßig bestimmt/bestimmbar)
- sonstige Fristen (Zwischenfristen) nur bei ausdrücklicher Vereinbarung

→ Unverbindliche Fristen – „Kontrollfristen“

z. B. im Bauzeitenplan enthaltene Fristen, es sei denn, sie sind im Vertrag ausdrücklich als Vertragsfristen vereinbart (§ 5 Abs. 1 S. 2 VOB/B)

Der Unterschied zwischen verbindlichen und unverbindlichen Fristen liegt in den Rechtsfolgen bei Verletzung einer Frist.

Verletzung einer Vertragsfrist

Bsp.: „Fertigstellung des 1. BA bis zum 23. November 2011.“

Leistung des AN wird am 23.11.2011 fällig

AN gerät bei Verschulden mit Ablauf des 23.11.2011 in Verzug

Rechtsfolgen:

- Schadensersatzanspruch des AG aus § 5 Abs. 4 i. V. m. § 6 Abs. 6 VOB/B
- evtl. Anspruch des AG auf Vertragsstrafe (sofern vereinbart)
- Kündigungsmöglichkeit nach § 5 Abs. 4 i. V. m. § 8 Abs. 3 VOB/B

§ 5 Abs. 4 VOB/B

Verzögert der Auftragnehmer den Beginn der Ausführung, gerät er mit der Vollendung in Verzug, oder kommt er der in Absatz 3 erwähnten Verpflichtung nicht nach, so kann der Auftraggeber bei Aufrechterhaltung des Vertrages Schadensersatz nach § 6 Abs. 6 verlangen oder dem Auftragnehmer eine angemessene Frist zur Vertragserfüllung setzen und erklären, dass er ihm nach fruchtlosem Ablauf der Frist den Auftrag entziehe (§ 8 Abs. 3).

Fallbeispiel

Beispielsfall (nach OLG Düsseldorf / BGH IBR 2009, 316)
Errichtung eines Parkhauses. Die Parteien verschieben nach Arbeitsbeginn in einer Ergänzungsvereinbarung den Fertigstellungstermin vom 31.10.2010 auf den 30.11.2010 und ändern mehrere Fristen im Bauzeitenplan ab. Nach dem Wortlaut sind „alle Termine dieser Ergänzungsvereinbarung" und „des Bauzeitenplans" als „Vertragstermine" bezeichnet. Der Auftragnehmer überschreitet einen Teil der Fristen. Der Auftraggeber kündigt den Vertrag bereits am 30.06.2010 nach vorheriger erfolgloser Fristsetzung mit Kündigungsandrohung gemäß § 5 Abs. 4 i. V. m § 8 Abs. 3 VOB/B und verlangt Schadensersatz. Der Auftragnehmer hält die Auftragsentziehung für unberechtigt. Er behauptet, er hätte den Fertigstellungstermin noch eingehalten. Zu Recht?

Nein. Die Auftragsentziehung erfolgte zu Recht. Bei den Terminen gemäß Ergänzungsvereinbarung und Bauzeitenplan handelt es sich um Vertragsfristen i. S. v. § 5 Abs. 1 Satz 2 VOB/B. Dies ergibt die Auslegung der Vereinbarung der Parteien unter Heranziehung des Wortlauts und der Begleitumstände. Bei einer Überschreitung von Vertragsfristen kommt es nicht darauf an, ob der Auftragnehmer den Fertigstellungstermin noch hätte einhalten können. Dies wäre nur dann zu prüfen, wenn es sich um unverbindliche Kontrollfristen gehandelt hätte.

Verletzung einer unverbindlichen Kontrollfrist

z. B. Bauzeitenplan sieht die Fertigstellung eines Einzelgewerkes vor

Rechtsfolgen

Die Leistung wird noch nicht fällig, daher auch kein Verzug. Der Auftraggeber hat aber einen Abhilfeanspruch aus § 5 Abs. 3 VOB/B, wenn die Vertragsfristen offenbar nicht eingehalten werden können. Er kann den Auftragnehmer auffordern, die unzureichende Leistungserbringung abzustellen und für Abhilfe zu sorgen.

§ 5 Abs. 3 VOB/B

Wenn Arbeitskräfte, Geräte, Gerüste, Stoffe oder Bauteile so unzureichend sind, dass die Ausführungsfristen offenbar nicht eingehalten werden können, muss der Auftragnehmer auf Verlangen unverzüglich Abhilfe schaffen.

Kommt der Auftragnehmer dem nicht nach, entstehen die weiteren Rechte des Auftraggebers aus § 5 Abs. 4 i. V. m. § 6 Abs. 6 VOB/B oder § 5 Abs. 4 i. V. m. § 8 Abs. 3 VOB/B.

Beispiel Der AN ist verpflichtet, in 60 Arbeitstagen (AT) insgesamt 2.000 m^2 Teppichboden zu verlegen (also im Schnitt 33,3 m^2 je AT).

Der AN hat die Baustelle nicht ausreichend besetzt. Nach 20 AT hat er erst 100 m^2 Teppich verlegt (also im Schnitt 5 m^2 je AT).

Der AG fordert unverzügliche Abhilfe und setzt dem AN eine Frist von zwei Wochen, den Terminrückstand aufzuholen.

Holt der AN den Rückstand nicht auf, kann der AG nach § 5 Abs. 4 VOB/B vorgehen.

Tabelle 7.1 Übersicht Vertragsfristen – Kontrollfristen

Vertragsfristen	Kontrollfristen
Überschreitung → Fälligkeit / Verzug (ggf. Mahnung erforderlich)	Überschreitung → keine Fälligkeit / Verzug
Schadensersatz, § 5 Abs. 4 i. V. m. § 6 Abs. 6 VOB/B Kündigung, § 5 Abs. 4 i. V. m. § 8 Abs. 3 VOB/B (nach Fristsetzung und Androhung)	Abhilfeanspruch, § 5 Abs. 3 VOB/B, wenn Vertragsfristen offenbar nicht eingehalten werden können
	Schafft AN keine Abhilfe: Schadensersatz, § 5 Abs. 4 i. V. m. § 6 Abs. 6 VOB/B Kündigung, § 5 Abs. 4 i. V. m. § 8 Abs. 3 VOB/B (nach Fristsetzung und Androhung)

7.2 Behinderung und Unterbrechung der Ausführung

7.2.1 Wann liegt eine Behinderung vor?

Störungen des Bauablaufs sind Alltag. Nicht jede Störung stellt aber auch eine Behinderung dar, und nicht aus jeder Behinderung ergeben sich zusätzliche Ansprüche. Eine Regelung enthält nur die VOB/B.

Behinderung

Alle Ereignisse, die den vorgesehenen Leistungsablauf hemmen oder verzögern (vorübergehende Störung im Bauablauf):

- AG überreicht Pläne nicht zum vereinbarten Zeitpunkt / ändert Pläne
- Zulieferer des AN liefert nicht rechtzeitig
- Baugenehmigung wird nicht rechtzeitig erteilt
- Anordnungen des AG nach § 1 Abs. 3, 4 VOB/B

- Bauzeitverschiebung durch Vergabenachprüfungsverfahren
- mangelhafte Koordination der Baustelle
- Streik oder Aussperrung
- Krieg, Aufruhr, Jahrhunderthochwasser, Erdbeben.

Unterbrechung

Extremfall der Behinderung – zumindest vorübergehender Stillstand der Bauausführung

7.2.2 Behinderungsanzeige

Glaubt sich der Auftragnehmer in der ordnungsgemäßen Ausführung der Leistung behindert, so hat er es dem Auftraggeber unverzüglich schriftlich anzuzeigen (§ 6 Abs. 1 Satz 1 VOB/B).

Behinderungsanzeige: Welche Anforderungen sind an sie zu stellen?

→ BGH BauR 2000, 722:

Die Behinderungsanzeige dient der Information des Auftraggebers über die Störung. Er soll gewarnt und es soll ihm die Möglichkeit gegeben werden, die Behinderung abzustellen.

Der Auftragnehmer hat in der Behinderungsanzeige anzugeben, warum und wann seine Arbeiten, die nach dem Bauablauf nunmehr ausgeführt werden müssten, nicht oder nicht wie vorgesehen ausgeführt werden können. Viele Behinderungsanzeigen genügen dem in der Praxis nicht, weil nicht dargestellt wird, wie sich die Störung konkret auf den Bauablauf auswirkt.

Die Behinderung ist **schriftlich** anzuzeigen!

Unterlässt der Auftragnehmer die Anzeige der Behinderung, so hat er nur dann Anspruch auf Berücksichtigung der hindernden Umstände, wenn dem Auftraggeber offenkundig die Tatsache und deren hindernde Wirkung bekannt waren (§ 6 Abs. 1 Satz 2 VOB/B). Dies ist für den Auftragnehmer in der Praxis nur schwer zu beweisen.

7.2.3 Rechtsfolgen einer Behinderung

7.2.3.1 Verlängerung von Ausführungsfristen, § 6 Abs. 2 VOB/B

Die vertraglich vereinbarten Ausführungsfristen verlängern sich um den Zeitraum, den die Behinderung andauert. Für den Auftragnehmer bedeutet dies, dass er bei Nichteinhaltung der Vertragsfristen wegen der Behinderung nicht in Verzug gerät.

7.2.3.2 Schadensersatz, § 6 Abs. 6 VOB/B

§ 6 Abs. 6 VOB/B

Sind die hindernden Umstände von einem Vertragsteil zu vertreten, so hat der andere Teil Anspruch auf Ersatz des nachweislich entstandenen Schadens, des entgangenen Gewinns aber nur bei Vorsatz oder grober Fahrlässigkeit. Im Übrigen bleibt der Anspruch des Auftragnehmers auf angemessene Entschädigung nach § 642 BGB unberührt, sofern die Anzeige nach Abs. 1 Satz 1 erfolgt oder wenn Offenkundigkeit nach Abs. 1 Satz 2 gegeben ist.

Voraussetzung: Behinderung ist vom anderen Vertragspartner zu vertreten (Verschulden!)

Umfang: alle unmittelbar durch die Behinderung verursachten Schäden, z. B.

- Vorhaltung von Personal und Gerät,
- höhere Baustellengemeinkosten,
- höhere Finanzierungskosten,
- höhere NU-Kosten.

Den Umfang des Schadens muss der Anspruchsteller beweisen. Hier bestehen hohe Darlegungsanforderungen. Erforderlich ist eine sogenannte „bauablaufbezogene Dokumentation". Im Prozess wird hier meist ein baubetriebliches Gutachten vorgelegt, um den Parteivortrag entsprechend zu substanziieren.

Der entgangene Gewinn fällt nur bei Vorsatz oder grober Fahrlässigkeit unter den Schadensersatzanspruch.

7.2.3.3 Angemessene Entschädigung, § 642 BGB

Neben § 6 Abs. 6 VOB/B ist § 642 BGB in der Praxis von großer Relevanz, da Ansprüche aus § 642 BGB nicht davon abhängig sind, dass den anderen Vertragspartner ein Verschulden trifft. Insbesondere für den Auftragnehmer wird es dadurch leichter, Ansprüche durchzusetzen.

§ 642 BGB. Mitwirkung des Bestellers

(1) Ist bei der Herstellung des Werkes eine Handlung des Bestellers erforderlich, so kann der Unternehmer, wenn der Besteller durch das Unterlassen der Handlung in Verzug der Annahme kommt, eine angemessene Entschädigung verlangen.

(2) Die Höhe der Entschädigung bestimmt sich einerseits nach der Dauer des Verzugs und der Höhe der vereinbarten Vergütung, andererseits nach demjenigen, was der Unternehmer infolge des Verzugs an Aufwendungen erspart oder durch anderweitige Verwendung seiner Arbeitskraft erwerben kann.

7

Voraussetzung: unterlassene Mitwirkungshandlung und Annahmeverzug des Auftraggebers (auch ohne Verschulden!)

Voraussetzung: Der Auftragnehmer darf leisten, ist zur Leistung bereit, dazu imstande und bietet die Leistung wie geschuldet an; im VOB/B-Vertrag ist i. d. R. eine Behinderungsanzeige erforderlich, § 6 Abs. 6 S. 2 VOB/B

Umfang: Der Anspruch umfasst nach der Rechtsprechung des BGH nicht Wagnis und Gewinn.

Fallbeispiel

Der Auftraggeber hat den Auftragnehmer am 10. Juli 2007 mit Wärmedämmarbeiten bei einem Neubau beauftragt. Die VOB/B ist vereinbart.

Vertragstermine: Beginn 1. September 2007, Fertigstellung 31. März 2008

Der Auftragnehmer will am 1. September 2007 mit seinen Arbeiten beginnen, stellt aber fest, dass die Fenster noch nicht fertig gestellt sind. Er zieht seine Leute wieder ab. Am 1. November 2007 teilt der Bauleiter des Auftraggebers dem Auftragnehmer mit, dass er nun beginnen könne. Zwei Wochen später erscheint der Auftragnehmer auf der Baustelle und beginnt mit den Arbeiten. Aufgrund der recht kalten Witterung kommt der Auftragnehmer nicht so schnell voran wie geplant. Der Auftragnehmer erinnert daher am 31. Januar 2008 an den Fertigstellungstermin 31. März 2008. Mit Schreiben vom 1. Februar 2008 weist der Auftragnehmer empört auf die anfänglichen Behinderungen wegen der nicht fertig gestellten Fenster hin und meldet Zusatzkosten an.

Die Arbeiten des Auftragnehmers dauern bis 15. Juni 2008, einige Restarbeiten bis September 2008.

Der Auftragnehmer verlangt zusätzlich 150.000 € wegen Bauzeitverlängerung. Zu Recht?

1. Anspruch des AN auf Schadensersatz aus § 6 Nr. 6 VOB/B?

Voraussetzung: Den Auftraggeber muss ein Verschulden an der Verzögerung treffen („Vertretenmüssen“).

Den Auftraggeber selbst trifft kein Verschulden, da er die Fenster nicht zu spät eingebaut hat und auch für das Wetter nicht verantwortlich ist.

Dem Auftraggeber wird aber das Verschulden seiner Erfüllungsgehilfen zugerechnet, § 278 BGB. Hier kommt das Verschulden des Vorunternehmers (Fensterbauer) in Betracht.

7

§ 278 Satz 1 BGB

Der Schuldner hat ein Verschulden seines gesetzlichen Vertreters und der Personen, deren er sich zur Erfüllung seiner Verbindlichkeit bedient, in gleichem Umfang zu vertreten wie eigenes Verschulden.

Im Verhältnis zum Nachunternehmer ist der Vorunternehmer aber gerade kein Erfüllungsgehilfe des Auftraggebers. Der Auftraggeber bedient sich nicht des Vorunternehmers, um seinen Vertrag mit dem Nachunternehmer zu erfüllen.

i Vorunternehmer ist kein Erfüllungsgehilfe des AG!

Das Verschulden des Fensterbauers wird dem Auftraggeber nicht zugerechnet.

Im Ergebnis besteht deshalb kein Anspruch des Auftragnehmers aus § 6 Abs. 6 VOB/B.

2. Anspruch des Auftragnehmers auf angemessene Entschädigung, § 642 BGB?

Der Auftraggeber müsste eine erforderliche Mitwirkungshandlung unterlassen haben und dadurch in Annahmeverzug gekommen sein. Hier hat der Auftraggeber das Baugrundstück nicht rechtzeitig am 1. September 2007 für die Bauleistung des AN aufnahmebereit zur Verfügung gestellt. Damit fehlt es an einer erforderlichen Mitwirkungshandlung.

Annahmeverzug

Voraussetzung des Annahmeverzugs ist, dass der Auftragnehmer leisten durfte, zur Leistung bereit dazu und imstande war und die Leistung wie geschuldet anbietet. Dies ist laut Sachverhalt der Fall: A wollte termingerecht am 1. September 2007 beginnen.

Behinderungsanzeige

Im VOB/B-Vertrag ist zudem regelmäßig eine Behinderungsanzeige erforderlich, § 6 Abs. 6 S. 2 VOB/B.

Diese muss nach § 6 Abs. 1 S. 1 VOB/B „unverzüglich" erfolgen, also ohne schuldhaftes Zögern.

Hier hat der Auftragnehmer erst am 1. Februar 2008 die Behinderung angezeigt, obwohl er bereits seit 1. September 2007 hiervon Kenntnis hatte.

→ Die Behinderungsanzeige erfolgte nicht „unverzüglich".

Möglicherweise war die Behinderungsanzeige hier entbehrlich.

Dann müsste die Behinderung „offenkundig" i. S. d. § 6 Abs. 1 S. 2 VOB/B gewesen sein.

Dies ist zu bejahen, wenn die hindernden Umstände für einen im Bauwesen Tätigen so deutlich geworden sind, dass sie ihm nicht verborgen bleiben konnten. Dabei genügt regelmäßig die Kenntnis des bauleitenden Architekten.

Hier wusste der Bauleiter des Auftraggebers von der Anfangsverzögerung. Diese erstreckte sich über einen erheblichen Zeitraum (2 Monate) und verhinderte einen Arbeitsbeginn vollständig. Daher kann man von Offenkundigkeit ausgehen, sodass die Behinderungsanzeige entbehrlich ist. Das Fehlen der Behinderungsanzeige hindert den Anspruch aus § 642 BGB nicht.

7.2.4 Rechtsfolgen einer Unterbrechung der Ausführung:

Wenn die Leistung nicht dauernd unmöglich geworden ist, sondern nur „für voraussichtlich längere Dauer" unterbrochen wird, hat eine Zwischenabrechnung über die bereits erbrachten Leistungen – und der sonstigen bereits entstandenen, in den Vertragspreisen enthaltenen Kosten (z. B. beschafftes Material und Gerät) des Auftragnehmers– zu erfolgen.

Wenn die Unterbrechung länger als drei Monate dauert, steht beiden Parteien ein Kündigungsrecht zu. Die Abrechnung richtet sich nach § 6 Abs. 5 und 6 VOB/B.

Fallbeispiel

Stillstand am Bau (nach OLG Düsseldorf / BGH IBR 2009, 698)
Der Auftraggeber beauftragt einen Generalunternehmer im Jahre 2001 mit der schlüsselfertigen Errichtung eines Büro- und Geschäftshauses. Der Generalunternehmer übernimmt neben Bau- auch Planungsleistungen. Nach Baubeginn stellt sich heraus, dass die Gründung nach den Plänen des Auftraggebers nicht funktionieren würde. Die Bauarbeiten stehen ab Ende August 2001 still. Der Generalunternehmer erbringt während des Stillstands weitere Planungsleistungen (neue Statik, Stahllisten, Schal- und Bewehrungspläne). Der Generalunternehmer unterbreitet dem Auftraggeber Anfang Dezember 2001 ein Nachtragsangebot für die neue Gründung. Hierauf erteilt der Auftraggeber wenige Tage später den Zuschlag. Sodann kommt es zum Streit wegen offener Rechnungen des Generalunternehmers. Am 7. Dezember 2001 erklärt der Generalunternehmer die Kündigung des Vertrags, weil die Ausführung um mehr als drei Monate unterbrochen gewesen sei. Zu Recht?

Eine Kündigung nach § 6 Abs. 7 VOB/B setzt voraus, dass eine Unterbrechung von mehr als 3 Monaten vorliegt. Dies war hier grundsätzlich der Fall, da die Unterbrechung der Bauleistungen von Ende August bis Anfang Dezember 2001 dauerte: > 3 Monate

Aber: Der Generalunternehmer hat in dieser Zeit Planungsleistungen erbracht.

Der Generalunternehmer schuldete bereits nach dem ursprünglichen Vertrag die Erbringung von Planungsleistungen. Die Planung der veränderten Gründung stellte daher nach Auffassung des Gerichts eine zusätzliche Leistung dar. Es bestand eine unmittelbare Abhängigkeit der zusätzlichen Leistung zum ursprünglichen Auftragsumfang. Deshalb lag keine Unterbrechung der Ausführung vor.

→ Die Kündigung war nach § 6 Abs. 7 VOB/B unwirksam.

7.3 Die Vertragsstrafe

7

7.3.1 Grundlagen

Eine Vertragsstrafe kann an unterschiedliche Verstöße eines Vertragspartners geknüpft werden – zum Beispiel auch an die Nichtteilnahme an vereinbarten Baubesprechungen. Ihre größte Bedeutung im Bauvertrag liegt aber im Rahmen bei der Bauzeit.

Mit einer Vertragsstrafe soll es dem Auftraggeber ermöglicht werden, einen Verzögerungsschaden geltend zu machen, ohne den Nachweis führen zu müssen, welcher Schaden konkret eingetreten ist.

Beispiel Ein Hotelier plant die Eröffnung des Hotels für den 1. Dezember 2009. Er hat bereits zahlreiche Reservierungen entgegen genommen. Mit dem Generalunternehmer ist deshalb eine schlüsselfertige Übergabe bis spätestens zum 1. November 2009 vereinbart.

Hält der GU den Übergabetermin nicht und verzögert sich deshalb der Eröffnungstermin, müsste der Hotelier für einen Schadensersatzanspruch nachweisen, wie viele Gäste ab dem 1. Dezember 2009 gekommen wären und welchen Gewinn er hierdurch erzielt hätte (Offenlegung der Kalkulation).

Wenn aber eine Vertragsstrafe vereinbart ist, kann der Hotelier ohne weitere Darlegungen den vereinbarten Pauschalbetrag verlangen.

7.3.2 Voraussetzung

Eine Vertragsstrafe muss ausdrücklich vereinbart werden. Weder aus dem Werkvertragsrecht des BGB noch aus der VOB/B ergibt sich ein Anspruch auf Vertragsstrafe. Aus § 11 VOB/B ergeben sich lediglich Regelungen zur Abwicklung, wenn eine Vertragsstrafe vereinbart wird.

Eine Vertragsstrafe muss ausdrücklich vereinbart werden!

7.3.3 Inhalt

Das BGB regelt in den §§ 339–345 BGB einige grundsätzliche Fragen zu Vertragsstrafen; die VOB/B passt diese Regelungen für den Bauvertrag noch an.

Die Parteien des Bauvertrags müssen die Vertragsstrafe an sich, das zu sanktionierende Fehlverhalten (meist Verzug) und die Höhe regeln.

§ 11 VOB/B

(1) Wenn Vertragsstrafen vereinbart sind, gelten die §§ 339 bis 345 BGB.

(2) Ist die Vertragsstrafe für den Fall vereinbart, dass der Auftragnehmer nicht in der vorgesehenen Frist erfüllt, so wird sie fällig, wenn der Auftragnehmer in Verzug gerät.

(3) Ist die Vertragsstrafe nach Tagen bemessen, so zählen nur Werktage; ist sie nach Wochen bemessen, so wird jeder Werktag angefangener Wochen als 1/6 Woche gerechnet.

(4) Hat der Auftraggeber die Leistung abgenommen, so kann er die Strafe nur verlangen, wenn er dies bei der Abnahme vorbehalten hat.

7

Fallbeispiel

Die Fassade (nach KG / BGH IBR 2005, 470)

Der Auftragnehmer ist zur Montage einer Fassade verpflichtet. Als Fertigstellungstermin wird der 31.01.1999 und als Vertragsstrafe bei Verzug mit der Fertigstellung ein Betrag von 0,1 % der Auftragssumme pro Tag, maximal 5 %, vereinbart. Während der Ausführung verschieben die Parteien einvernehmlich den Fertigstellungstermin auf den

30.04.1999. Die tatsächliche Fertigstellung ist im Herbst 1999. Der Auftraggeber fordert die Vertragsstrafe (125.000,00 €). Zu Recht?

Nein. Der Auftraggeber kann keine Vertragsstrafe fordern. Die Parteien haben den vertraglichen Fertigstellungstermin nachträglich geändert. Bei einvernehmlicher Verschiebung des Fertigstellungstermins hätten die Parteien aber klarstellen müssen, dass auch der neue Termin strafbewehrt sein soll.

7.3.4 Vertragsstrafe in AGB

Häufig gibt der Auftraggeber in seinen AGB eine Vertragsstrafe vor. Dabei darf der Auftragnehmer nicht unangemessen benachteiligt werden, da dies zur Unwirksamkeit der Vertragsstrafe insgesamt führt. Zahlreiche Konstellationen sind bereits höchstrichterlich entschieden. Danach gelten – derzeit – folgende Mindestanforderungen:

- Die Vertragsstrafe muss von einem Verschulden des Auftragnehmers abhängig gemacht werden. Verzug setzt Verschulden voraus. Eine verschuldensunabhängige Vertragsstrafe ist unwirksam!
- Die Höhe muss im Verhältnis zur Zeiteinheit angemessen sein. Dabei geht man für den Verzug derzeit von etwa 0,1 % bis 0,15 % der (Netto-)Abrechnungssumme pro Werktag aus. Die Höchstgrenze beträgt 5 % der Abrechnungssumme.
- Die Vertragsstrafe ist auf einen parallelen Schadensersatzanspruch anzurechnen. Der Hotelier muss sich also, wenn er den entgangenen Gewinn pro Zimmer darlegt, die pauschalierte Vertragsstrafe anrechnen lassen.
- Wenn nicht nur der Fertigstellungstermin, sondern auch Zwischenfristen vertragsstrafebewehrt sind, muss darauf geachtet werden, dass die jeweiligen Fristüberschreitungen nicht kumuliert werden. Wenn also der Auftragnehmer die erste Zwischenfrist um fünf Tage überschreitet, sich dieser Rückstand im Laufe der Zeit aber nicht vergrößert, dann kann der Auftraggeber nicht auch noch für die folgenden Zwischenfristen Nr. 2 bis 5 und die Fertigstellungsfrist Vertragsstrafe beanspruchen.

7

Übungsbeispiel

Ist folgende AGB-Klausel wirksam?

„Bei Überschreitung des Fertigstellungstermins hat der AN eine Vertragsstrafe in Höhe von 0,2 % der Nettoabrechnungssumme je Werktag, höchstens jedoch 5 % der Nettoabrechnungssumme zu zahlen. (…)"

Nein. Die Vertragsstrafe soll verschuldensunabhängig anfallen. Dies ist unwirksam gemäß § 307 BGB.

Wie könnte die Klausel wirksam formuliert werden?

Zum Beispiel: „Gerät der AN mit dem vertraglich vereinbarten Fertigstellungstermin in Verzug, hat er eine Vertragsstrafe (…)"

Fallbeispiel

Das Schwimmbad (nach OLG Dresden / BGH IBR 2009, 574)

Der Auftraggeber beauftragt am 19.04.2001 den Einbau eines Schwimmbades in seiner Villa. Vertraglicher Fertigstellungstermin ist der 27.06.2001. Eine Vertragsstrafe bei Verzug mit der Fertigstellung ist vereinbart. Wegen eines Urlaubs des Auftraggebers verzögert sich der geplante Baubeginn um zwei Wochen. Tatsächliche Fertigstellung ist Ende August 2001. Der Auftraggeber macht die Vertragsstrafe geltend. Zu Recht?

Nein. Der Auftraggeber hat keinen Anspruch auf Vertragsstrafe. Wird die Bauausführung durch vom Auftraggeber zu vertretende Umstände so erheblich verzögert, dass der ganze Zeitplan des Auftragnehmers umgeworfen und er zu einer durchgreifenden Neuordnung gezwungen wird, so wird die ursprüngliche Vertragsstrafenzusage hinfällig. Davon ist auszugehen, wenn der Baubeginn vom Auftraggeber bei einer geplanten Bauzeit von ca. zwei Monaten um zwei Wochen verschoben wird.

7.4 Übungsfälle zu Kapitel 7

Fall 1

„Gestörter Bauablauf in der Klinik“

Der Auftragnehmer soll die Rohbauarbeiten für eine Klinik erbringen. Die VOB/B und ein Fertigstellungstermin sind vereinbart. Der Ausführung liegt ein Bauzeitenplan zugrunde. Laut Vertrag ist festgelegt, dass der Auftragnehmer die Architektenpläne mit einem Vorlauf von drei Wochen vor dem jeweiligen Ausführungstermin erhalten soll.

Die Architektenpläne werden dem Auftragnehmer nicht mit dem vereinbarten Vorlauf vorgelegt, da der Architekt den erforderlichen Planungsaufwand unterschätzt hat. Der Auftragnehmer weist den Architekten und den Projektsteuerer schriftlich auf die Verzögerungen hin, ohne dass für Abhilfe gesorgt wird. Der Auftragnehmer muss deshalb nach Vorabzügen arbeiten und Änderungen später nachtragen.

Der Auftragnehmer verlangt vom Auftraggeber den nachweislich entstandenen Mehraufwand i. H. v. 1,8 Mio. €. Zu Recht?

Lösung:

Vorüberlegung: Auf welche Regelung könnte der Anspruch gestützt werden?

- § 2 Nr. 5 VOB/B
- § 6 Nr. 6 VOB/B
- § 642 BGB

Anspruch aus § 2 Nr. 5 VOB/B?

→ Es fehlt an einer Anordnung des Auftraggebers.

Anspruch aus § 6 Abs. 6 VOB/B?

Voraussetzungen:

§ 6 Abs. 1 VOB/B

1. Es müssten hindernde Umstände („Behinderungen") bei der ordnungsgemäßen Ausführung der Leistung des AN aufgetreten sein.

   Behinderungen sind alle Ereignisse, die den vorgesehenen Leistungsablauf hemmen oder verzögern (vorübergehende Störung im Bauablauf).

   → Hier lieferte der Architekt die Pläne nicht zu den im Bauzeitenplan vorgesehenen Zeitpunkten. Dadurch wurde der AN im Rahmen seiner technischen Bearbeitung und Arbeitsvorbereitung gestört.

   Eine Behinderung liegt vor.

2. Der AN müsste die Behinderung dem AG unverzüglich schriftlich angezeigt haben.
   - Anzeige gegenüber Architekt wohl nicht ausreichend, da dieser selbst die Ursache der Behinderungen gesetzt hat.
   - Anzeige gegenüber Projektsteuerer aber ausreichend. Dieser gilt als bevollmächtigt, solche Erklärungen für den AG entgegenzunehmen.

3. Dem AN müsste durch die Behinderung ein Schaden entstanden sein.

   → Laut Sachverhalt ist dem AN nachweislich Mehraufwand von 1,8 Mio. € entstanden, da er nach Vorabzügen arbeiten und Änderungen später einarbeiten musste. Ein Schaden ist beim AN somit gegeben.

   (Anm.: Im Rahmen einer gerichtlichen Geltendmachung müsste der AN die Entstehung des Schadens mittels einer bauablaufbezogenen Dokumentation nachweisen.)

4. Der AG müsste die Behinderung zu vertreten haben.

§ 276 BGB – Verantwortlichkeit des Schuldners

(1) Der Schuldner hat Vorsatz und Fahrlässigkeit zu vertreten, (...).

(2) Fahrlässig handelt, wer die im Verkehr erforderliche Sorgfalt außer Acht lässt.

7

→ Hier problematisch, da laut Sachverhalt nicht der AG, sondern der Architekt die Ursache der Behinderung gesetzt hat.

Aber:

§ 278 BGB – Verantwortlichkeit des Schuldners für Dritte

Der Schuldner hat ein Verschulden seines gesetzlichen Vertreters und der Personen, deren er sich zur Erfüllung seiner Verbindlichkeit bedient, in gleichem Umfang zu vertreten wie eigenes Verschulden. (...)

Der Architekt handelte hier fahrlässig, da er den Planungsaufwand nicht mit der erforderlichen Sorgfalt eingeschätzt hat und dadurch verspätet die Pläne lieferte. Der AG hat dieses Verschulden seines Erfüllungsgehilfen zu vertreten.

Der planende Architekt ist Erfüllungsgehilfe des Auftraggebers im Verhältnis zum Auftragnehmer, da der Auftraggeber dem Auftragnehmer in der Regel eine Planung zur Verfügung stellen muss.

Ergebnis

Der AN hat gegen den AG einen Anspruch auf Bezahlung des entstandenen Mehraufwands i. H. v. 1,8 Mio. € aus § 6 Abs. 6 VOB/B.

Fall 2

„Einstellung der Arbeiten"

Der AG beauftragt den AN im Frühjahr 2009 mit Rohbauarbeiten. Die VOB/B ist vereinbart. Es soll nach Einheitspreisen abgerechnet werden. Der Auftragnehmer beginnt im April 2009 mit den Arbeiten auf der Baustelle. Die Bodenplatte ist bis Ende April 2009 fertig gestellt. Der AN fordert die hierauf gemäß Leistungsverzeichnis entfallende Vergütung als Abschlag. Eine prüfbare Abschlagsrechnung geht dem AG am 04.05.2009 zu. Ende Mai 2009 fragt der AN beim AG nach, wann mit der Abschlagszahlung zu rechnen sei. AG verweist darauf, dass die Rechnung noch beim Architekten zur Prüfung sei. Anfang Juni stellt der AN die Arbeiten für drei Wochen ein. Sodann leistet der AG die Abschlagszahlung und der AN nimmt die Arbeiten wieder auf. Durch die Verzögerung entsteht dem AG ein Mietausfall i. H. v. 80.000 €, da das Gebäude erst zwei Monate später fertig wird.

Der AG verlangt in dieser Höhe Schadensersatz vom AN. Zu Recht?

Lösung:

Vorüberlegung: Auf welche Regelung könnte der Anspruch gestützt werden?

Anspruch aus § 6 Abs. 6 VOB/B?

Voraussetzungen

§ 6 Abs. 1 VOB/B

1. Es müssten hindernde Umstände („Behinderungen") bei der ordnungsgemäßen Ausführung der Leistung des AN aufgetreten sein.

   Behinderungen sind alle Ereignisse, die den vorgesehenen Leistungsablauf hemmen oder verzögern (vorübergehende Störung im Bauablauf).

   → Hier stellte der AN seine Arbeiten vorübergehend ein. Dadurch wurde der weitere Bauablauf gestört. Die Fertigstellung verzögerte sich um zwei Monate.

   Eine Behinderung liegt vor.

2. Dem AN müsste durch die Behinderung ein Schaden entstanden sein.

   → Laut zu unterstellendem Sachverhalt ist dem AG durch die verzögerte Fertigstellung ein Schaden i. H. v. 80.000 € entstanden.

3. Der AG müsste die Behinderung zu vertreten haben.

   → Hier problematisch, da der AN möglicherweise berechtigt die Arbeiten eingestellt hat. Dann hätte der AN die Verzögerung nicht zu vertreten (keine Fahrlässigkeit).

§ 16 Abs. 1 VOB/B

(1) Abschlagszahlungen sind auf Antrag in möglichst kurzen Zeitabständen oder zu den vereinbarten Zeitpunkten zu gewähren, und zwar in Höhe des Wertes der jeweils nachgewiesenen vertragsgemäßen Leistungen einschließlich des ausgewiesenen, darauf entfallenden Umsatzsteuerbetrages. Die Leistungen sind durch eine prüfbare Aufstellung nachzuweisen, die eine rasche und sichere Beurteilung der Leistungen ermöglichen muss. (...)

(2) ...

(3) Ansprüche auf Abschlagszahlungen werden binnen 18 Werktagen nach Zugang der Aufstellung fällig.

§ 16 Abs. 5 VOB/B

(1)–(2) ...

(3) Zahlt der Auftraggeber bei Fälligkeit nicht, so kann ihm der Auftragnehmer eine angemessene Nachfrist setzen. Zahlt er auch innerhalb der Nachfrist nicht, so hat der Auftragnehmer vom Ende der Nachfrist an Anspruch auf Zinsen in Höhe der in § 288 BGB angegebenen Zinssätze, wenn er nicht einen höheren Verzugsschaden nachweist.

(4) ...

(5) Der Auftragnehmer darf in den Fällen der Absätze 3 und 4 die Arbeiten bis zur Zahlung einstellen, sofern die dem Auftraggeber zuvor gesetzte angemessene Nachfrist erfolglos verstrichen ist.

Ergebnis

Der AG hat gegen den AN einen Anspruch auf Bezahlung des entstandenen Schadens i. H. v. 80.000 € aus § 6 Abs. 6 VOB/B, da der AN die Arbeiten eingestellt hat, ohne dem AG zuvor eine angemessene Nachfrist zur Zahlung zu setzen. Damit hat der AN die eingetretene Verzögerung zu vertreten.

8 Sicherheiten

EINGANGSFRAGEN

Welche gegenseitigen Sicherungsmöglichkeiten bestehen für die Auftraggeber-und die Auftragnehmerseite?

Wie können Vergütungsansprüche gesichert werden? Welche unterschiedlichen gesetzlichen und vertraglichen Möglichkeiten gibt es?

Wie können Mängelansprüche gesichert werden?

Welche Arten von Sicherheit gibt es?

Welche Rolle spielt das Institut der Bürgschaft im Sicherungsbereich von Bauverträgen?

8.1 Grundlagen

Gerade weil die Margen am Bau häufig sehr gering sind, kommt dem Thema der wechselseitigen Absicherung der Vertragsparteien besondere Bedeutung zu. Schon eine kleine „Schieflage“ kann sich für einen Baubeteiligten existenzbedrohend auswirken. Hinzu kommt, dass der Auftragnehmer über die Vorleistungspflicht ein besonderes Risiko trägt. Insbesondere bei größeren Bauvorhaben wird deshalb versucht, alle denkbaren Ansprüche abzusichern. Dies beginnt für den Auftraggeber bei einer etwaigen Vorauszahlung, geht weiter über Ansprüche während der Durchführung und endet schließlich mit der Absicherung der Mängelansprüche.

Aus rechtlicher Hinsicht bedeutsam ist, dass Vereinbarungen zu Sicherheiten der AGB-Rechtsprechung standhalten müssen und deshalb keinen der Vertragspartner unangemessen benachteiligen dürfen. Hier befindet sich die Rechtsprechung stetig im Fluss. Zahlreiche Vereinbarungen zu Sicherheiten - wie etwa die Bürgschaft auf erstes Anfordern - wurden dabei für unwirksam befunden. Es ist deshalb sinnvoll, sich vor Abschluss eines Bauvertrags intensiv mit den Regelungen zu Sicherheiten zu befassen. Wenn sich im Sicherungsfall eine Vereinbarung als unwirksam erweist, kann dies erhebliche finanzielle Auswirkungen haben.

Der Umgang mit Sicherheiten ist fehlerträchtig. Hier kommt auch dem Architekten eine besondere Verantwortung zu, da er durch seine Prüfung über die Freigabe von Sicherheiten in die Haftung kommen kann.

8.2 Sicherung des Vergütungsanspruchs

8.2.1 Abschlagszahlungen

Grundsätzlich muss der Auftragnehmer das Werk vollständig fertigstellen, bevor sein Vergütungsanspruch fällig wird.

Beispiel Errichtet der Werkunternehmer ein Hotel mit einer Bauzeit von zwei Jahren, müsste er zwei Jahre lang Material und Lohn vorfinanzieren; ebenso das Risiko tragen, dass der Auftraggeber bei der Abnahme nicht mehr liquide ist.

Deshalb sehen sowohl das BGB wie auch die VOB/B Abschlagszahlungen vor.

8

§ 632a Abs. 1 Satz 1 BGB

Der Unternehmer kann von dem Besteller für eine vertragsgemäß erbrachte Leistung eine Abschlagszahlung in der Höhe verlangen, in der der Besteller durch die Leistung einen Wertzuwachs erlangt hat.

§ 16 Abs. 1 Nr. 1 Satz 1 VOB/B

Abschlagszahlungen sind auf Antrag in möglichst kurzen Zeitabständen oder zu den vereinbarten Zeitpunkten zu gewähren, und zwar in Höhe des Wertes der jeweils nachgewiesenen vertragsgemäßen Leistungen einschließlich des ausgewiesenen, darauf entfallenden Umsatzsteuerbetrages.

→ Siehe Kapitel 4.2.1.

8.2.2 Vorauszahlungen

Bei größeren Bauvorhaben wird mitunter eine Vorauszahlung vereinbart. Vorgaben im BGB gibt es dazu nicht; allerdings enthält die VOB/B eine Regelung:

§ 16 Abs. 2 VOB/B

1. Vorauszahlungen können auch nach Vertragsabschluss vereinbart werden; hierfür ist auf Verlangen des Auftraggebers ausreichende Sicherheit zu leisten. Diese Vorauszahlungen sind, sofern nichts anderes vereinbart wird, mit 3 v. H. über dem Basiszinssatz des § 247 BGB zu verzinsen.

2. Vorauszahlungen sind auf die nächstfälligen Zahlungen anzurechnen, soweit damit Leistungen abzugelten sind, für welche die Vorauszahlungen gewährt worden sind.

Wenn der Auftraggeber eine Vorauszahlung leistet, sollte er sicherstellen, dass der Auftragnehmer den im Voraus gezahlten Werklohn auch „abarbeitet". Eine solche Sicherung muss vertraglich vereinbart werden, sie ergibt sich nicht automatisch aus der Vereinbarung der VOB/B. Meist wird die Vorauszahlung durch eine Bürgschaft abgesichert.

8.2.3 Pfandrecht

Gemäß § 647 BGB hat der Auftragnehmer für seine Forderungen aus dem Vertrag ein gesetzliches Pfandrecht. Dieses Pfandrecht entsteht jedoch nur an beweglichen Sachen. Für den Bauvertrag, der Leistungen an einer unbeweglichen Sache, nämlich einem Grundstück beinhaltet, hat die Vorschrift keine Bedeutung.

8.2.4 Sicherungshypothek des Bauunternehmers

Da das Pfandrecht aus § 647 BGB dem Bauunternehmer nicht hilft, gibt ihm § 648 BGB das Recht, für Forderungen aus dem Vertrag eine Sicherungshypothek am Grundstück des Auftraggebers eintragen zu lassen. Der Auftragnehmer wird dadurch im Grundbuch als Gläubiger eingetragen.

8.2.4.1 Voraussetzungen

1. Werkvertrag über ein Bauwerk
   Reine Erd- und/oder Abbrucharbeiten fallen nicht unter § 648 BGB.
2. Werklohnforderung
   Die Sicherung erfasst nur die Vergütung bereits erbrachter Leistungen.
3. Auftraggeber als Eigentümer des Grundstücks
   Der Auftraggeber und der Eigentümer des Grundstücks müssen identisch sein. Dies wird formal festgestellt. Wenn also zum Beispiel der Ehemann den Bauauftrag erteilt, das Grundstück aber nur der Ehefrau gehört, reicht dies regelmäßig nicht.

8.2.4.2 Umsetzung

Um dem Auftragnehmer schnell Sicherung zu verschaffen, kann im Wege eines gerichtlichen Eilverfahrens der Anspruch vorläufig durch eine Vormerkung gesichert werden.

8.2.4.3 Bedeutung

Die Voraussetzung des § 648 BGB sind recht eng. Den Eigentümer kann die Eintragung im Grundbuch bei der wirtschaftlichen Verwertung des Grundstücks aber empfindlich einschränken, wodurch die Verhandlungsposition des Auftragnehmers verbessert wird. Allerdings erlangt der AN oftmals eine so schlechte Rangstelle (nach den finanzierenden Banken), dass er bei einer Verwertung „leer ausgeht".

8.2.5 Bauhandwerkersicherung

8.2.5.1 Grundlagen

Da bei § 648 BGB insbesondere wegen der geforderten Identität zwischen Auftraggeber und Grundstückseigentümer eine Reihe von Fällen „durch das Raster" fallen, hat der Gesetzgeber mit § 648a BGB für den Auftragnehmer eine weitere Sicherungsmöglichkeit geschaffen. Die Vorschrift wurde 2009 noch einmal geändert und erlangte damit eine erhebliche Bedeutung. Sowohl dem Auftraggeber als auch dem Auftragnehmer müssen die Bedeutung der Vorschrift und die rechtlichen Folgen stets gegenwärtig sein! Die gesetzliche Regelung ist zwingend. Die Parteien können sie nicht durch vertragliche Vereinbarung ändern oder aufheben.

8.2.5.2 Voraussetzungen

1. Werkvertrag über ein Bauwerk
   Im Unterschied zu § 648 BGB sind hier vom Wortlaut auch Arbeiten an den Außenanlagen erfasst. Zu den Arbeiten am Bauwerk gehören auch Arbeiten, die für Konstruktion, Bestand, Erhaltung und Benutzbarkeit des Gebäudes von wesentlicher Bedeutung sind, wenn die eingebauten Teile mit dem Gebäude fest verbunden werden. Auch Architektenverträge können hierunter fallen.
   Ausnahmen: § 648a BGB gilt nicht, wenn es sich um einen öffentlich-rechtlichen Auftraggeber oder um die Errichtung eines Einfamilienhauses handelt.

2. Sicherbarer Anspruch
Abgesichert werden Vergütungsansprüche. Maßgeblich ist die vereinbarte Vergütung. Hierzu gehören auch Nachträge. Hinzu kommt ein Aufschlag für Nebenforderungen in Höhe von 10 Prozent. Gesichert wird die noch nicht gezahlte Vergütung, auch wenn die Leistungen noch nicht erbracht sind. Schadensersatzansprüche wie zum Beispiel aus § 6 Abs. 6 VOB/B fallen nach überwiegender Ansicht nicht darunter. Wenn der Auftraggeber Gegenansprüche hat, zum Beispiel Schadensersatzansprüche, kann er dadurch die Sicherheitsleistung nicht reduzieren.

8.2.5.3 Abwicklung

1. Sicherungsverlangen

   Eine besondere Form ist nicht vorgeschrieben. Es ist Sache des Auftragnehmers, die Vergütung der Höhe nach richtig einzuschätzen. Hält der Auftraggeber das Sicherungsverlangen für überhöht, muss er Sicherheit zumindest in der seiner Meinung nach zutreffenden Höhe leisten (OLG Düsseldorf IBR 2010, 25).
2. Frist
Der Auftragnehmer kann dem Auftraggeber eine Frist setzen. Regelmäßig sind ein bis zwei Wochen angemessen.
3. Sicherheitsleistung
In der Wahl der Sicherheit ist der Auftraggeber frei. Meist wird eine Bürgschaft gestellt. Die Kosten der Sicherheit muss der Auftragnehmer tragen, jedenfalls bis zu einem Höchstsatz von 2 Prozent, § 648a Abs. 3 BGB.

8.2.5.4 Rechtsfolgen bei Nichtleistung

Wenn der Auftraggeber nach entsprechender Fristsetzung die Sicherheit nicht, nicht in ausreichender Höhe oder zu spät stellt, hat der Auftragnehmer drei Möglichkeiten:

1. Leistungsverweigerungsrecht
Der Auftragnehmer ist berechtigt, seine Tätigkeit vorläufig einzustellen. Das Leistungsverweigerungsrecht gilt auch für Mangelbeseitigungsleistungen. Wird die Sicherheit später gestellt, ohne dass der Vertrag gekündigt wurde, muss er die Arbeiten wieder aufnehmen.
2. Kündigung
Der Auftragnehmer kann den Vertrag auch kündigen, § 648a Abs. 5 Satz 2 BGB. Die Kündigungsfolgen sind so, als ob der Auftraggeber frei gekündigt hätte. Der Auftragnehmer kann die volle vereinbarte Vergütung abrechnen. Abzuziehen sind die ersparten Aufwendungen. Es gilt eine Vermutung, dass der Auftragnehmer danach 5 Prozent der vereinbarten Vergütung zustehen.
3. Klage auf Sicherheitsleistung
Der Auftragnehmer kann den Anspruch auf Sicherheitsleistung auch im Klagewege geltend machen. Diese Klage ist von der Klage auf Werklohn zu unterscheiden. Unter Umständen können beide Klageverfahren parallel laufen.

Fallbeispiel

Die Hafencity (nach LG Hamburg IBR 2010, 566)

Der Auftragnehmer erbringt Leistungen der Technischen Gebäudeausrüstung an einem Neubau in der Hafencity Hamburg. Der Umfang der Beauftragung ist streitig. Der Auftraggeber stellt die vom Auftragnehmer geforderte Paragraf 648a-Sicherheit nicht und rügt gleichzeitig Mängel der Ausführung. Nachdem die vom Auftragnehmer gesetzte Frist abgelaufen ist, kündigt der Auftragnehmer und stellt seine Schlussrechnung. Sodann macht er zwei Klagen anhängig: Restwerklohn und Sicherheitsleistung.

Hat die Klage auf Sicherheitsleistung nach § 648a BGB Erfolg?

Das LG weist die Klage ab. Zunächst war die Kündigung des Vertrages berechtigt, wenn noch Vergütungsansprüche bestanden, was für die Lösung unterstellt werden kann. Mit der Kündigung soll aber die Vorleistungspflicht des Auftragnehmers geendet haben und damit kein Sicherungsinteresse mehr bestehen. Dies ist zweifelhaft, da auch nach Kündigung noch Vergütungsansprüche bestehen können, für die Sicherheit verlangt werden kann. Dies muss unabhängig davon gelten, ob der Auftraggeber noch Mangelbeseitigungsansprüche hat (die der Auftragnehmer hier endgültig abgelehnt hatte).

8.3 Sicherung der Mängelansprüche

Häufig wird übersehen, dass sich aus dem Gesetz und der VOB/B zwar Mängelrechte ergeben, die Sicherung dieser Rechte aber stets einer vertraglichen Vereinbarung bedarf. Ohne Vereinbarung trägt der Auftraggeber das Risiko, dass der Auftragnehmer nicht mehr leistungsfähig ist, wenn ein Mangel nach Abnahme auftritt. Die VOB/B regelt lediglich Art und Weise der Sicherheit sowie deren Abwicklung.

Häufig wird für Mängelansprüche ein Teil der Schlusszahlung einbehalten, wobei dieser Einbehalt dann durch Bürgschaft abgelöst werden kann. Nach Ablauf der Gewährleistungsfristen – mitunter auch schon vorher – ist der Einbehalt auszuzahlen bzw. die Bürgschaft zurückzugeben.

8.4 Vertragserfüllung

Oftmals fordert der Auftraggeber eine Sicherheit für die Vertragserfüllung. Damit sollen die Ansprüche des Auftraggebers auf vollständige, rechtzeitige und zum Zeitpunkt der Abnahme mangelfreie Erbringung der Werkleistung abgesichert werden. Hierzu gehören auch Schadensersatzansprüche infolge vorzeitiger Beendigung des Vertrages, Verzugsschadenansprüche oder eine Vertragsstrafe. Auch Ansprüche wegen Überzahlungen und Regressansprüche wegen einer Haftung nach dem Arbeitnehmerentsendegesetz können gesichert werden. Dies muss allerdings ausdrücklich vereinbart werden. Die Sicherheit wird meist durch Bürgschaft oder durch Einbehalt von den Abschlagszahlungen geleistet.

8.5 Sicherheitsleistung im VOB/B-Vertrag

8.5.1 Grundlagen

Die Regelung in § 17 Abs. 1 Nr. 1 VOB/B beginnt mit dem Halbsatz *„Wenn eine Sicherheitsleistung vereinbart ist"*. Es wird noch einmal deutlich, dass sich aus der VOB/B kein Anspruch auf Sicherheitsleistung ergibt. Die VOB/B enthält zu den gesetzlichen Regeln im BGB speziellere Regelungen. Die Sicherheitsleistung dient dazu, die vertragsgemäße Ausführung der Leistung und die Mängelansprüche sicherzustellen, § 17 Abs. 1 Nr. 2 VOB/B.

8.5.2 Art der Sicherheit

Der Auftragnehmer kann wählen, § 17 Abs. 3 VOB/B, zwischen:

8.5.2.1 Einbehalt

Wenn ein Einbehalt vereinbart wird, kann der Auftraggeber seine Zahlungen um bis zu 10 Prozent kürzen, bis die vereinbarte Sicherheitssumme erreicht ist. Den jeweils einbehaltenen Betrag muss er dem Auftragnehmer mitteilen und binnen 18 Werktagen nach dieser Mitteilung auf ein Sperrkonto bei einem zu vereinbarenden Geldinstitut einzahlen.

Gleichzeitig muss er veranlassen, dass dieses Geldinstitut den Auftragnehmer von der Einzahlung des Sicherheitsbetrags benachrichtigt.

Bei kleineren oder kurzfristigen Aufträgen ist es zulässig, dass der Auftraggeber den einbehaltenen Sicherheitsbetrag erst bei der Schlusszahlung auf ein Sperrkonto einzahlt.

Zahlt der Auftraggeber den einbehaltenen Betrag nicht rechtzeitig ein, so kann ihm der Auftragnehmer hierfür eine angemessene Nachfrist setzen. Lässt der Auftraggeber auch diese verstreichen, so kann der Auftragnehmer die sofortige Auszahlung des einbehaltenen Betrags verlangen und braucht dann keine Sicherheit mehr zu leisten. Aus dieser Regelung ergibt sich für den Auftraggeber also ein hohes Risiko.

Öffentliche Auftraggeber sind berechtigt, den als Sicherheit einbehaltenen Betrag auf eigenes Verwahrgeldkonto zu nehmen; der Betrag wird nicht verzinst.

8.5.2.2 Hinterlegung von Geld

Wird Sicherheit durch Hinterlegung von Geld geleistet, so hat der Auftragnehmer den Betrag bei einem zu vereinbarenden Geldinstitut auf ein Sperrkonto einzuzahlen, über das beide nur gemeinsam verfügen können („Und-Konto"). Etwaige Zinsen stehen dem Auftragnehmer zu. Von dieser Möglichkeit der Sicherheitsleistung wird nur sehr selten Gebrauch gemacht.

8.5.2.3 Bürgschaft eines Kreditinstituts oder Kreditversicherers

Bei Sicherheitsleistung durch Bürgschaft ist Voraussetzung, dass der Auftraggeber den Bürgen als tauglich anerkannt hat. Die Bürgschaftserklärung ist schriftlich unter Verzicht auf die Einrede der Vorausklage abzugeben (§ 771 BGB); sie darf nicht auf bestimmte Zeit begrenzt und muss nach Vorschrift des Auftraggebers ausgestellt sein. Der Auftraggeber kann als Sicherheit keine Bürgschaft fordern, die den Bürgen zur Zahlung auf erstes Anfordern verpflichtet.

8.5.3 Zeitpunkt

Der Auftragnehmer hat die Sicherheit binnen 18 Werktagen nach Vertragsabschluss zu leisten, wenn nichts anderes vereinbart ist. Soweit er diese Verpflichtung nicht erfüllt hat, ist der Auftraggeber berechtigt, vom Guthaben des Auftragnehmers einen Betrag in Höhe der vereinbarten Sicherheit einzubehalten.

8.5.4 Rückgabe

8.5.4.1 Vertragserfüllungssicherheit

Der Auftraggeber hat eine nicht verwertete Sicherheit für die Vertragserfüllung zum vereinbarten Zeitpunkt, spätestens nach Abnahme und Stellung der Sicherheit für Mängelansprüche zurückzugeben; es sei denn, dass Ansprüche des Auftraggebers, die nicht von der gestellten Sicherheit für Mängelansprüche umfasst sind, noch nicht erfüllt sind. Dann darf er für diese Vertragserfüllungsansprüche einen entsprechenden Teil der Sicherheit zurückhalten.

8.5.4.2 Sicherheit für Mängelansprüche

Der Auftraggeber hat eine nicht verwertete Sicherheit für Mängelansprüche nach Ablauf von 2 Jahren zurückzugeben, sofern kein anderer Rückgabezeitpunkt vereinbart worden ist. Soweit jedoch zu diesem Zeitpunkt seine geltend gemachten Ansprüche noch nicht erfüllt sind, darf er einen entsprechenden Teil der Sicherheit zurückhalten. Wenn also zwei Jahre nach Abnahme (noch) keine Mängelansprüche geltend gemacht wurden, muss der Auftraggeber die Sicherheit zurückgeben, obwohl die Gewährleistungsfristen noch nicht abgelaufen sind.

8.6 Besonderheiten der Bürgschaft als Sicherheit

Häufig wird eine Bürgschaft gestellt. Gegenüber einem gemeinschaftlichen Konto ist die Handhabung deutlich einfacher. Es sind aber einige wichtige Dinge zu beachten:

8.6.1 Art der Bürgschaft

In Bauverträgen wird mitunter eine Bürgschaft „auf erstes Anfordern“ vereinbart. Der Bürge muss sofort an den Gläubiger zahlen, wenn dieser es verlangt und kann sich nicht auf Einwendungen des Schuldners berufen. Die VOB/B schließt eine solche Bürgschaft inzwischen ausdrücklich aus und auch in AGB kann Entsprechendes nicht wirksam vereinbart werden.

8.6.2 Verjährung

Die Forderung gegen den Bürgen kann unabhängig vom Bestehen der Mängelansprüche verjähren.

Beispiel Der Auftraggeber lässt ein Mehrfamilienhaus errichten. Die Abnahme des Bauvorhabens erfolgt am 1. Juli 2002. Als Gewährleistungsende wird der 1. Juli 2007 (fünf Jahre) vereinbart. Zur Sicherung der Mängelansprüche übergibt der Auftragnehmer eine Bürgschaft. Am 1. Juli 2003 zeigt der Auftraggeber einen Mangel der Fassade an und fordert den Auftragnehmer unter Fristsetzung bis zum 1. Oktober 2003 zur Beseitigung auf. Der Auftragnehmer beseitigt den Mangel nicht. Der Auftragnehmer wird später insolvent. Am 1. März 2007 erhebt der Auftragnehmer Klage gegen den Bürgen wegen der Kosten der Ersatzvornahme der Fassadenmängel. Der Bürge beruft sich auf Verjährung.

Mit Erfolg! Obwohl am 1. März 2007 die Gewährleistungsfrist noch gar nicht abgelaufen war Jahr, ist die Forderung gegen den Bürgen verjährt. Diese Forderung verjährt in drei Jahren, beginnend mit dem Schluss des Jahres, in dem der Anspruch entstanden ist und der Auftraggeber Kenntnis von den anspruchsbegründenden Umständen sowie der Person des Schuldners erlangt hat (§§ 195, 199 BGB). Dies war hier der 1. Oktober 2003. Nach Ablauf der Mangelbeseitigungsfrist hat der Auftraggeber einen Geldanspruch, der gegen den Bürgen geltend gemacht werden kann. Dies setzt mit dem 31. Dezember 2003 die Verjährung der Forderung gegen den Bürgen in Gang, die deshalb bereits am 31. Dezember 2006 abgelaufen war. Die Klage vom 1. März 2007 konnte die Verjährungsfrist also nicht mehr hemmen.

8.7 Übungsfall zu Kapitel 8, § 648 BGB

Sachverhalt

Der Architekt A wird von der Gemeinde G mit der Vollarchitektur für den Neubau der Stadthalle auf einem gemeindeeigenen Grundstück beauftragt. Nach Abschluss der Leistungsphase 7, aber noch vor Beginn der Bauarbeiten, fordert A von G die Eintragung einer Sicherungshypothek. Zu Recht?

Lösung

8

1. Werkvertrag über ein Bauwerk?

Hat der Architekt sämtliche Architektenleistungen von der Planung bis zur örtlichen Bauaufsicht erbracht hat, kann er für das entsprechende Honorar Einräumung einer Sicherungshypothek verlangen. Der Architekt wirkt durch Werkvertrag an der Errichtung des Bauwerks mit, da Planung und Bauleitung der Herstellung des Bauwerks dienen.

2. Werklohnforderung
   Zwar hat der A bereits Leistungen erbracht. Diese haben sich aber noch nicht im Bauwerk manifestiert, da mit den Bauarbeiten noch nicht begonnen wurde. Es fehlt deshalb an einer sicherungsfähigen Forderung.

3. Auftraggeber als Eigentümer des Grundstücks
   Der Auftraggeber und der Eigentümer des Grundstücks sind hier identisch. Teilweise wird zwar vertreten, dass bei Verträgen mit der öffentlichen Hand § 648 BGB keine Anwendung finden soll, da kein Insolvenzrisiko bestehe. Diese Rechtsprechung ist indes abzulehnen, da dies zum einen nicht stimmt und zum anderen der Sinn des § 648 BGB über eine bloße Insolvenzsicherung hinausgeht. → Druckmittel

Im Ergebnis kann A erst dann eine Sicherung verlangen, wenn sich seine Planungsleistungen im Bauwerk realisiert haben.

Anders wäre der Fall zu entscheiden, wenn A nach § 648a BGB vorgehen würde.

Sachwortverzeichnis

A

Abnahme ... 6, 14, 38 ff.
– ausdrückliche ... 40
– behördliche ... 44
– fiktive ... 42
– förmliche ... 41
– konkludente ... 40
– Rechtsfolge ... 46 ff., 56
– rechtsgeschäftliche ... 40
– Rechtsnatur ... 39
Abnahmeverweigerung ... 60
– berechtigte ... 60
– unberechtigte ... 60
Abrechnung ... 13, 25, 69 ff.
Abschlagszahlung ... 72 ff.
AGB
– Abnahme ... 63
Allgemeine Geschäftsbedingungen ... 16 ff.
Änderungsanordnung ... 29
anerkannte Regeln der Technik ... 95
Annahmeverzug ... 59
Arbeitsgemeinschaft ... 8
Architekt ... 8
Arglist ... 127
Aufmaß ... 78
Auftraggeber ... 7
– Mitverschulden ... 133
Auftragnehmer ... 7
– Kündigung ... 141
– Verzug ... 141
Aufwendungsersatz ... 102
Ausführung
– Unterbrechung ... 157
Ausschreibung
– detaillierte ... 21
– funktionale ... 21

B

Baubeteiligter ... 7 ff.
– Mitverantwortlichkeit ... 133
Baugenehmigung ... 2
Bauhandwerkersicherung ... 168 ff.
Bauherrschaft ... 7
Bauleitplanung ... 2, 4
Baumangel ... 87 ff.
Bauordnungsrecht ... 2, 4
Bauplanungsrecht ... 2, 4
Baurecht ... 2
– öffentliches ... 2 ff.
– privates ... 2
Baustoffhändler
– Haftung ... 125
Baustofflieferant ... 9
Bauteil
– vertragswidriges ... 115
Bauträger ... 9
Bauvertrag
– Inhalt ... 11
– vorzeitige Beendigung ... 6
Bauwerksleistung ... 12
Bauzeit ... 149 ff.
Bauzustandsbesichtigung ... 45
Bebauungsplan ... 2

Behinderung .... 153 f
Behinderungsanzeige 154
Beweislastumkehr 53
BGB-Bauvertrag 15
BGB-Vertrag 150
BGB-Werkvertragsrecht 95
Bürgschaft 172

D

Detailpauschalvertrag 13

E

Einheitspreisvertrag 12
Entschädigung
– angemessene 155
Erfolgshaftung .... 5, 19 ff.
Ersatz 111

F

Fachplanung 2, 4
Flächennutzungsplan 2

G

Gefahrenabwehr 5
Gefahrenverteilung 50
Gefahrübergang 49
Gemeinschaftseigentum
– Abnahme 62
Generalübernehmer 7
Generalunternehmer 7
Gesamtschuldverhältnis 134
Geschäftsgrundlage
– Störung 26
Gläubigerverzug 59
Globalpauschalpreisvertrag 13

H

Hemmung 82
HOAI 3

K

Kooperationspflicht 139
Kostenerstattungsanspruch 119
Kostenvorschussanspruch 103
Kündigung .... 13, 139 ff.
– aus wichtigem Grund 139
– Durchfühurng 142
– freie 139

L

Leistung
– ohne Auftrag 32
– Verzögerung 108
– zusätzliche 29
Leistungsänderung 29
– nachträgliche 25
Leistungsbeschreibung .... 21 ff.
– mehrdeutige 24
– Widerspruch innerhalb 23
Leistungspflicht
– des Auftragnehmers .... 19 ff., 88
Leistungsumfang .... 20 ff.
Leistungsverweigerungsrecht 112
Leistungszeit 13

M

Mangel 14
– Beweislastumkehr 53
Mängelanspruch 6
– Sicherung 170
– Verjährungsfrist 52
Mangelbegriff 88, 94

Mängelhaftung
– Ausschluss 92, 123
Mängelrecht .... 95 ff.
– nach BGB-Werkvertragsrecht 114
– nach VOB/B 114
– Verjährung 126
Mengenänderung 25
Minderung 105
Mitverantwortlichkeit
– von Baubeteiligten .... 133 ff.

N

Nacherfüllung
– Frist 98
– Kosten 99
– Verweigerung 100
Nacherfüllungsanspruch 97
Nacherfüllungsverlangen 98
Nachunternehmer 8

P

Pauschalpreisvertrag 12
Pauschalvertrag 31
Projektsteuerer 9
Prüfbarkeit
– Einwand 79

Q

Quasi-Unterbrechung 129

R

Raumordnung 2, 4
Rechtsverlust 54
Rücktritt 104

S

Sachmangelbegriff 89
Schadensersatz .... 106 ff., 120
– großer .... 121 f
– kleiner .... 121 f
– neben Leistung 109
– statt Leistung 108
schlüsselfertig 21
Schlussrechnung .... 75 ff.
Schlusszahlung 79
Schlusszahlungseinrede 80
Schuldnerverzug 59
Schutzpflicht 52
Selbstvornahme 30, 102
Sicherheit .... 14, 165 ff.
Sicherungshypothek 167
Sondereigentum
– Abnahme 62
Sonderfachleute 9
Stoff
– vertragswidriger 115
Stundenlohnvertrag 13
Subunternehmer 8

T

Teilabnahme 61
Typenvertrag 12

U

Unterbrechung 153

V

Vergütung 12
– Fälligkeit 46
– Minderung 120
– Mischform 13
– übliche 70
Vergütungsanspruch
– Sicherung 166

Verjährung ... 81 ff.
– Beginn ... 127
– Hemmung ... 131
– Vereinbarung ... 131
– von Mängelrechten ... 126 ff.
Verjährungsfrist ... 128
– für Mängelansprüche ... 52
Verschleiß ... 93
Vertragsbeendigung
– vorzeitige ... 137 ff.
Vertragsfreiheit ... 10
Vertragsfrist ... 151
Vertragskündigung
– Abrechnung ... 143
Vertragsschluss ... 10
Vertragsstrafe ... 158 ff.
– AGB ... 160
Vertragstyp ... 2
Vertretung ... 10
Verzögerungsschaden ... 110
Verzug
– des Auftragnehmers ... 141
Verzugszinsen ... 48
VOB
– Regelungen ... 2
VOB/A ... 2
VOB/B ... 3, 43, 151
– als AGB ... 16 ff.
VOB/B-Bauvertrag ... 15
VOB/C ... 3
Voraussetzung ... 159
Vorbehalt
– fehlender ... 54
Vorleistungspflicht ... 5, 71

W

Werkleistung
– Abnahme ... 37
Werklohn
– Verzinsung ... 48
Werkvertragsrecht ... 5 ff.

Z

Zahlung ... 13, 69
– Einbehalt ... 117